ARITHMÉTIQUE

PROPREMENT DITE,

OU

LES QUATRE RÈGLES FONDAMENTALES

DE L'ARITHMÉTIQUE DÉCIMALE, THÉORIQUE, PRATIQUE;

A l'usage des Écoles primaires,
Et de toutes personnes qui veulent apprendre les principes
de l'Arithmétique et du Calcul.

PAR Jh.-THre DELANDRE,

INSTITUTEUR.

PRIX : 1 FR. 25 C.

FONTAINEBLEAU,
F. LHUILLIER, LIBRAIRE, RUE DE FRANCE.
MELUN,
THOMAS, LIBRAIRE, RUE SAINT-ASPAIS.
NEMOURS,
BAILLARD, LIBRAIRE, RUE DU CHATEAU.
ET A RECLOSES, CHEZ L'AUTEUR.

1841

» ces, joignant à tout cela une pointe
» de fatuité...... J'exige, comme vous le
» voyez, beaucoup de qualités ; c'est
» qu'il en faut à un chef de secte.

» Il est possible que cet homme soit
» amoureux de sa femme. Il combattra
» d'abord son inclination, et s'il ne peut
» la vaincre, il s'efforcera du moins de la
» cacher au public. Mais il y a des gens
» clairvoyans sur les défauts d'autrui.
» Malgré ses efforts, on pénétrera son
» secret ; il s'en apercevra, et se mettra
» au-dessus des railleurs, en prenant
» son parti de bonne grâce ; il jouera
» même l'intrépidité : c'est quelquefois
» un moyen d'acquérir du courage ; c'en
» est même un commencement. Enfin
» son amour-propre sera flatté de fon-
» der un nouveau genre de singularité,
» et il se déclarera. Les femmes le com-
» bleront d'éloges, de peur qu'il ne se
» rétracte, et, avant que les hommes
» soient convaincus que c'est un parti

ARITHMÉTIQUE.

Les formalités voulues par la loi ayant été remplies, nous poursuivrons les contrefacteurs et débitans de contrefaçons de cet ouvrage.

J.-T. Delandre.

ARITHMÉTIQUE

PROPREMENT DITE,

OU

LES QUATRE RÈGLES FONDAMENTALES

DE L'ARITHMÉTIQUE DÉCIMALE, THÉORIQUE, PRATIQUE;

A l'usage des Écoles primaires,
Et de toutes personnes qui veulent apprendre les principes
de l'Arithmétique et du Calcul.

PAR Jb.-THre DELANDRE,

INSTITUTEUR.

PRIX : 1 FRANC 25 CENTIMES.

FONTAINEBLEAU,
F. LHUILLIER, LIBRAIRE, RUE DE FRANCE.
MELUN,
THOMAS, LIBRAIRE, RUE SAINT-ASPAIS.
NEMOURS,
BAILLARD, LIBRAIRE, RUE DU CHATEAU.
ET A RECLOSES, CHEZ L'AUTEUR.

1841

PRÉFACE.

A partir du 1er janvier 1840, époque à laquelle il fut expressément défendu *par ordonnance royale* d'enseigner désormais, dans les Écoles, l'ancien système des poids et mesures, et le calcul des nombres complexes qui y a rapport, les Instituteurs, pour se conformer aux décisions du gouvernement, durent faire suivre à leurs élèves des Arithmétiques qui traitassent uniquement du *calcul décimal* ou *métrique*; mais, comme alors il n'en existait pas encore ainsi de *formées*, ou du moins de *répandues* dans la province, ils furent obligés d'être momentanément arithméticiens eux-mêmes, c'est-à-dire contraints de se former un mode tout nouveau d'enseigner l'Arithméti-que.

C'est ce que je fis aussi moi-même. Après avoir suivi différentes Arithmétiques très renommées, et particulièrement celle de M. Bourdon, à laquelle je me suis toujours attaché par goût, comme étant une des plus judicieuses, je ne crus pas mieux faire que de suivre en grande partie cette dernière, pour former *une nouvelle Méthode d'enseigner l'Arithmétique décimale.*

Cette *Méthode*, ayant été fructifiante à mes élèves, ou ayant rempli parfaitement mes espérances, j'ai pris la résolution de la faire imprimer, afin qu'elle puisse être plus répandue, et qu'elle remplisse par conséquent le but que je me suis proposé : *celui d'être utile au public.*

(VII)

Cet Ouvrage est divisé en *trois* chapitres séparés :

Le *premier* comprend la numération décimale développée, suivie de quelques principes généraux sur la numération romaine ;

Le *deuxième* renferme l'exposition méthodique et raisonnée du système légal des poids et mesures métriques ;

Le *troisième* et *dernier* contient l'addition, la soustraction, la multiplication et la division des nombres entiers et décimaux, établies d'après un nouveau plan très méthodique, et suivies du procédé de la *substitution* des fractions décimales aux fractions ordinaires ou à deux termes.

⸺⸺⸺⸺⸺

Nota. — *Les nombres entre parenthèses indiquent les principes auxquels on doit avoir recours.*

INTRODUCTION.

1. On entend par *Mathématiques* la science qui a pour objet la combinaison et la comparaison des grandeurs ou quantités.

2. On appelle *grandeur* ou *quantité* tout ce qui est susceptible d'*augmentation* ou de *diminution*.

Par exemple, les *lignes*, les *surfaces*, les *temps*, les *poids*, les *mesures*, les *valeurs*, sont des quantités : parce qu'une ligne peut être plus ou moins longue; qu'une surface peut avoir plus ou moins d'étendue; que le temps peut être court ou long, etc.

3. Pour se former une idée bien exacte d'une quantité quelconque, on la rapporte à une autre quantité de même nature, que l'on nomme UNITÉ DE COMPARAISON, ou simplement UNITÉ.

Ainsi, quand on veut évaluer la longueur d'un *mur*, par exemple, il faut d'abord connaître *l'unité de longueur*; ensuite porter cette unité autant de fois que possible sur toute la longueur du mur; et le nombre de fois qu'elle y aura été portée pour arriver exactement au bout, exprimera la longueur cherchée.

De même, pour emplir un *tonneau* d'un liquide quelconque, il faut d'abord avoir connaissance de l'*unité de capacité*; ensuite mettre la contenance de cette unité autant de fois que possible dans le tonneau; et le nombre de fois qu'elle y aura été mise, pour qu'il soit tout-à-fait plein, exprimera la capacité demandée.

4. D'ailleurs, les *lignes* ou *longueurs* s'évaluent au moyen du MÈTRE; les *surfaces* se rapportent à l'ARE; les *solides* ou *corps* ont pour *unité de mesure* le MÈTRE-CUBE ou le STÈRE; on évalue les *mesures* ou *capacités* à l'aide du LITRE; l'*unité de poids* est le GRAMME; et le FRANC est l'*unité de comparaison* pour les *monnaies*.

5. Ces unités ne sont pas les seules qui existent pour évaluer les quantités; par exemple, dans les expressions : *douze cents hommes*, *trente-cinq chevaux*, *vingt-cinq arbres*, *mille mai-*

sons, etc.; l'homme, le cheval, l'arbre, la maison... sont encore des unités.

6. D'où il résulte, en général : 1° que l'*unité*
est elle-même une espèce de quantité servant de
terme de comparaison à toutes les quantités de
la même espèce ; 2° et qu'il y a autant d'espèces d'unités que d'espèces de quantités.

7. Lorsqu'on a évalué une quantité quelconque au moyen de l'unité qui lui sert de
mesure, il en résulte ce qu'on appelle un NOM-
BRE.

Le *nombre* est donc l'expression d'une quantité évaluée.

8. Quand on compare une quantité à son
unité, il peut arriver trois cas : 1° ou que l'u-
nité soit contenue un nombre exact de fois
dans la quantité ; 2° ou bien qu'elle y soit contenue un nombre exact de fois, plus en partie;
3° ou enfin qu'elle n'y soit contenue que par-
tiellement.

De là, trois sortes de nombres :

Le *nombre entier* qui exprime une collection
exacte de plusieurs unités de même espèce,
comme : *vingt-cinq mètres; trente ares; dix-huit
hommes*.

Le *nombre fractionnaire* qui renferme plusieurs unités de même espèce , et une partie de l'unité, tel que : *vingt-cinq mètres cinq dixièmes de mètre* ; *cinquante litres vingt centièmes de litre* ; *trente-six francs soixante-quinze centièmes de franc*; *cinq cents grammes six dixièmes de grammes*.

La *fraction* proprement dite qui ne contient pas l'unité entière : *quarante centièmes de litre*; *neuf dixièmes de stère*; *quinze centièmes de franc*.

9. Le nombre est aussi *concret* ou *abstrait* , suivant que l'espèce d'unité qu'il représente est déterminée ou indéterminée.

Par exemple : *cinq cent vingt-quatre moutons, vingt-sept francs trente-cinq centièmes de franc, quarante-huit centièmes de stère, sept dixièmes de gramme*, sont des *nombres concrets*;

Trente-six, soixante-huit, cent quarante-cinq, sept fois, neuf fois, vingt-sept unités d'une espèce quelconque sont des *nombres abstraits*.

10. On distingue encore le *nombre simple* et le *nombre composé*.

Le nombre simple est celui qui ne renferme des unités que d'une seule espèce, comme *seize francs*, *trente-un mètres* , *cent ares*, *mille litres*, *dix grammes*.

Le nombre composé est celui qui en contient de différentes espèces et de même nature, tel que : *huit cents mètres huit dixièmes* de mètres, *sept stères cinq centièmes* de stère , *onze francs neuf dixièmes* de franc. D'où il suit que le nombre simple et le nombre composé ne sont autre chose que le nombre entier et le nombre fractionnaire.

11. L'ARITHMÉTIQUE est la science des *nombres* dont elle comprend aussi :

La NUMÉRATION ,

Et le CALCUL.

Comme nous avons fait connaître ce que c'est que les nombres, il ne reste donc plus qu'à exposer la NUMÉRATION et le CALCUL.

Nous allons développer successivement ces deux autres parties de l'ARITHMÉTIQUE en n'omettant rien de ce qui y a rapport.

CHAPITRE PREMIER.

—

NUMÉRATION.

12. La **numération** est l'art de *former*, de *représenter*
et d'*exprimer* tous les nombres possibles au moyen de
la *parole* et de *l'écriture*.

On distingue conséquemment deux sortes de *numération* : la *numération parlée*, et la *numération écrite*.

NUMÉRATION PARLÉE.

13. La **numération parlée** a pour objet la *nomenclature* et la *formation* des nombres.

14. Le premier nombre est d'abord l'**unité** ou **un**,
qui, ajouté à lui-même, forme le nombre qu'on appelle *deux*. Ce dernier nombre, augmenté de l'unité,
donne le nombre *trois ;* et ajoutant *un* successivement
au dernier nombre obtenu, on forme les suivans, qui

prennent les noms de *quatre*, *cinq*, *six*, *sept*, *huit*, *neuf*, *dix*. Les neuf premiers nombres sont appelés *unités simples*, ou *unités du premier ordre*.

Nota. — Il est facile de concevoir qu'en donnant un nom particulier à chaque nombre ainsi formé, on pourrait les obtenir tous ; mais alors la mémoire serait infiniment surchargée pour retenir cette suite de mots qui n'aurait pas de fin , *puisqu'un nombre quelconque étant formé* , *on peut toujours lui ajouter une nouvelle unité* , *ce qui donne lieu à un nouveau nombre qui peut lui-même être encore augmenté* , et ainsi de suite à l'infini.

15. Pour obvier à cet inconvénient , on convient de considérer le nombre DIX , collection de dix unités simples, comme *une nouvelle espèce d'unité* nommée aussi DIZAINE, ou *unité du second ordre*, et de compter par *dizaine* comme on a compté par unités simples; ainsi , on dit : *une dizaine* , *deux dizaines*, *trois* , *quatre* , *cinq* , *six* , *sept* , *huit*, et *neuf dizaines* ; ou autrement : *dix*, *vingt*, *trente* , *quarante*, *cinquante* , *soixante* , *septante* , *octante* et *nonante*.

Nota. — Les trois derniers mots se remplacent généralement par *soixante-dix* , *quatre-vingts* et *quatre-vingt-dix* : ce sont des expressions consacrées par l'usage. Toutefois, comme les mots septante, octante et nonante sont plus conformes à l'analogie , et qu'en même temps ils n'occasionnent point d'irrégularité dans l'ordre de la formation , il serait à désirer que l'Académie les fît revivre. En attendant qu'on ait jugé à propos de renouveler les anciennes expressions , nous nous conformerons à celles en usage.

Pour exprimer les nombres entre dix et vingt , vingt
et trente , entre toutes les autres dizaines consécutives,
et à la suite de quatre-vingt-dix , on se sert des neufs
premiers nombres , ainsi , on énonce : *dix-un* , *dix-*
deux dix-trois, *dix-quatre* , *dix-cinq* , *dix-six*, *dix-*
sept, *dix-huit*, et *dix-neuf;*

Vingt-un, vingt-deux, vingt-trois,...... et vingt-neuf;

Trente-un, trente-deux, trente-trois,..... et trente-neuf;

Quarante-un, quarante-deux, ...et quarante-neuf;

Cinquante-un. cinquante-deux, ... et cinquante-neuf;

Soixante-un, soixante-deux, ... et soixante-neuf;

Soixante-dix-un, soixante-dix-deux,...... et soixante-dix-neuf;

Quatre-vingt-un, quatre-vingt-deux, ... et quatre-vingt-neuf;

Quatre-vingt-dix-un, ... et quatre-vingt-dix-neuf.

Nota. — Par exemple , au lieu des six dénominations dix-un , dix-deux , dix-trois , dix-quatre , dix-
cinq et dix-six, l'usage a substitué les mots *onze* ,
douze , *treize* , *quatorze* , *quinze* et *seize*. Par la même
raison , on substitue les mêmes mots à la place de
soixante-dix-*un* , soixante-dix-*deux* , ... , et de qua-
tre-vingt-dix-*un* , quatre-vingt-dix-*deux* , ... ; de
sorte qu'on exprime : *soixante-onze* , etc. , *quatre-*
vingt-onze , etc. (1)

---

(1) On conçoit que si on faisait usage des mots *septante*, *octante* ,
et *nonante*, au lieu de dire : soixante-onze , soixante-douze , etc.,
quatre-vingt-onze , quatre-vingt-douze, etc. , on exprimerait régu-
lièrement : *septante-un, septante-deux*,... *nonante-un, nonante-*
deux...

16. Le nombre quatre-vingt-dix-neuf, augmenté de l'unité, donne une collection de *dix dixaines* que l'on appelle CENT, et que l'on regarde comme une nouvelle *espèce d'unité* nommée aussi CENTAINE, ou *unité du troisième ordre*.

Pour former les nombres suivans, on compte par *centaines* comme on a compté par dixaines et par unités simples ; ainsi, *cent, deux cents, trois cents,.....* *neuf cents*, expriment des collections d'une *centaine*, de *deux centaines*, de *trois*, de *quatre*, ... et de *neuf centaines*.

Maintenant, en plaçant successivement entre les nombres cent et deux cents, deux cents et trois cents, entre toutes les autres centaines consécutives, et à la suite de neuf cents, les noms de tous les nombres compris depuis *un* jusqu'à *quatre-vingt-dix-neuf*, il est clair qu'on pourra former le nombre *neuf cent quatre-vingt-dix-neuf*.

17. En ajoutant *un* à ce nombre, on obtient une collection de *dix centaines*, à laquelle on donne le nom de MILLE , ou *unité du quatrième ordre*.

18. *Nota.* — Parvenu à ce nombre, pour ne pas trop multiplier les mots, on convient de considérer *mille* comme *une nouvelle espèce d'unité principale*, c'est-à-dire, de même qu'on a compté par unités simples, dizaines d'unités simples, centaines d'unités simples, on comptera par *unités de mille, dizaines de mille, centaines de mille*. On remarquera seulement qu'une *dizaine de mille* forme *l'unité du cinquième ordre;* et que dix dizaines de mille , ou *une centaine de mille*, est *l'unité du sixième ordre*.

D'où il suit qu'en employant successivement *tous les nombres inférieurs à mille*, d'abord pour arriver à mille, puis entre chaque deux nombres de mille consécutifs, et à la suite des *neuf cent quatre-vingt-dix-neuf mille*, on formera le nombre *neuf cent quatre-vingt-dix-neuf mille neuf cent quatre-vingt-dix-neuf.*

19. Ce dernier nombre augmenté de l'*unité*, donne *dix cent mille*, ou *mille mille*, collection que l'on appelle MILLION, ou *unité de septième ordre.*

20. Le *million*, de même que le mille, est regardé comme *une nouvelle unité principale;* ainsi que le *billion*, le *trillion*, le *quatrillion*, le *quintillion*, etc., qui suivent.

Ainsi, *mille millions* s'expriment par BILLION ; *mille billions*, par TRILLION ; *mille trillions*, par QUATRILLION, et ainsi de suite.

D'où il résulte qu'en formant les *unités*, *dizaines*, *centaines*, de chacune de ces nouvelles unités principales, de la même manière qu'on a formé les unités, dizaines, centaines d'unités simples et de mille, on obtiendra tous les nombres entiers imaginables.

21. Enfin, en réfléchissant sur le procédé de cette formation, on peut conclure que tous les nombres sont formés à l'aide seulement des mots qui expriment les neuf premiers nombres, et ceux qui représentent les divers ordres d'unités (1) : parce qu'en effet, les

____

(1) On conçoit qu'à la rigueur on pourrait se passer des mots *vingt, trente, quarante,.... et quatre-vingt-dix;* et de *onze, douze, treize,... et seize.*

mots *un, dix, cent, mille, dix mille, cent mille, million*, etc., ne servent qu'à représenter les unités des différens ordres; tandis que les mots *un, deux, trois, quatre, cinq, six, sept, huit* et *neuf*, expriment combien de fois chacune de ces sortes d'unités est comprise dans les nombres.

22. Nous observerons, pour terminer, qu'une dizaine de million forme l'*unité du huitième ordre;* une centaine de million, l'*unité du neuvième ordre;* qu'un billion est l'*unité du dixième ordre,* etc., etc.

NUMÉRATION ÉCRITE.

23. La NUMÉRATION ÉCRITE consiste à représenter et à exprimer, à l'aide de *dix caractères* ou *chiffres*, tous les nombres énoncés en langage ordinaire.

24. Ces dix caractères sont:

1, 2, 3, 4, 5, 6, 7, 8, 9 et 0.

un, deux, trois, quatre, cinq, six, sept, huit, neuf et *zéro.*

25. Les neufs premiers sont appelés *chiffres significatifs.* Et, comme ils représentent déjà les neuf premiers nombres de la numération parlée, il ne reste donc plus (n° 24), pour satisfaire à la définition de la numération écrite, qu'à faire exprimer à ces chiffres les différens ordres d'unités que comportent les nombres.

26. Le dernier ou le zéro est nommé *chiffre d'ordre;* parce qu'il sert à remplacer les divers ordres d'unités qui peuvent manquer dans l'énoncé des nombres.

27. Pour que ces dix chiffres expriment les diffé-

rens ordres d'unités que les nombres renferment, on a établi pour PRINCIPE, que *tout chiffre significatif placé à gauche d'un autre quelconque, représente des unités dix fois plus fortes qué celles de cet autre chiffre;* c'est-à-dire lorsque *plusieurs chiffres sont écrits les uns à la suite des autres, le premier à droite, exprime des unités simples, le second des dizaines, le troisième des centaines, le quatrième des mille,* et ainsi de suite.

D'où il est aisé de voir qu'on pourra, en général, représenter tous les nombres au moyen des dix caractères précédens.

MOYEN D'ÉCRIRE LES NOMBRES.

28. Soit d'abord proposé *d'exprimer en chiffres,* ou d'*écrire* le nombre *six cent quarante-huit.*

L'énoncé de ce nombre comprend 8 *unités simples,* 4 *dizaines* et 6 *centaines;* ainsi, en plaçant de droite à gauche, d'abord les 8 unités, ensuite les 4 dizaines, et enfin les 6 centaines, le nombre sera représenté par 648.

De même, *vingt-huit mille cinq cent soixante-neuf* étant composé de 9 *unités,* 4 *dizaines,* 5 *centaines,* 8 *mille* et 2 *dizaines* de mille, s'énoncera par l'ensemble des cinq chiffres 28569 ; en écrivant de droite à gauche, d'abord les 9 unités, puis les 4 dizaines, les 5 centaines, les 8 mille et les 2 dizaines de mille.

On représenterait encore, d'après le même principe, les nombre *sept cent douze mille trois cent quatre-vingt-seize,* et *soixante-treize millions neuf cent quarante-quatre mille deux cent dix-sept,* par 712396 et 73944217.

29. Soit maintenant à écrire le nouveau nombre *trois mille cinquante*.

L'énoncé de ce nombre comprend d'abord 5 *dizaines d'unités simples*, et 3 *unités de mille ;* mais il ne renferme ni *unités simples* et ni *centaines* : alors en mettant deux zéros (n° 26), un pour remplacer les unités, et l'*autre* les centaines, on représentera le nombre proposé par 3050.

Pareillement, *neuf cent mille deux cent neuf* ne renfermant ni *dizaines d'unités simples*, ni *unités de mille*, et ni *dizaines de mille*, s'écrira par l'ensemble des six chiffres 900209, en remplaçant par trois zéros les trois ordres d'unités qui manquent dans l'énoncé de ce nombre.

Soit encore à exprimer en chiffres le nombre *vingt-sept billions trois cent millions quatre-vingt-sept mille vingt.*

Pour peu qu'on réfléchisse sur l'énoncé de ce nombre, on voit qu'il se compose de 0 *unités simples*, 2 *dizaines*, 0 *centaines*, 7 *unités de mille*, 8 *dizaines de mille*, 0 *centaines de mille*, 0 *unités de millions*, 0 *dizaines de millions*, 3 *centaines de millions*, 7 *unités de billions*, et 2 *dizaines de billions* ; ainsi ce nombre sera représenté par les onze chiffres 27300087020.

30. D'où il résulte que tout nombre écrit se divise en centaines, dizaines et unités simples ; en centaines, dizaines et unités de mille ; en centaines, dizaines et unités de millions ; en centaines, dizaines et unités de billions, etc. : c'est-à-dire en tranches d'unités simples, de mille, de millions, de billions, dont chacune renferme trois chiffres, excepté la dernière à gauche, ou

celle des plus fortes unités qui peut n'avoir que *deux* chiffres, ou même qu'*un seul*.

34. Ainsi, dès que l'on sait écrire seulement les nombres de trois chiffres, il n'est pas difficile d'écrire ceux qui en sont composés d'un nombre quelconque : *il suffit d'écrire successivement de droite à gauche, d'abord la tranche des unités simples, puis celle des mille, celle des millions, des billions, et ainsi de suite.*

32. On peut même commencer par écrire la tranche des unités les plus fortes, et, à sa droite, successivement toutes les autres tranches par ordre de grandeur des unités. *C'est d'ailleurs ainsi que l'on doit s'y prendre pour écrire les nombres.*

Dans tous les cas, il faut bien faire attention de ne pas omettre les zéros destinés à remplacer les différens ordres d'unités qui peuvent manquer.

33. Soit, pour nouvel exemple, proposé d'écrire le nombre *six cent trente billions, deux cent millions, quatre-vingt-dix mille trois cent dix.*

En écrivant d'abord la tranche des billions (630); puis à sa droite celle des millions (200); à la droite de celle-ci la tranche des mille (090) ; et enfin celle des unités simples (310), on obtient 630.200.090.310 pour le nombre proposé (1).

Nota. — On aurait pu commencer par écrire la tranche des unités simples, et, à sa gauche, successivement

---

(1) Pour ne pas confondre et pour mieux distinguer les tranches, on peut les séparer chacune par un petit point (.) à partir de la première à droite.

toutes les autres tranches; mais ce moyen, quoique plus naturel , n'est pas si facile ni si expéditif que l'autre pour écrire les nombres.

Supposons, pour dernier exemple, qu'il s'agisse d'écrire le nombre *huit trillions , sept billions , trois cent mille.*

L'énoncé de ce nombre comprend les tranches 8 trillions, 007 billions, 000 millions, 300 mille et 000 unités simples; ainsi, en écrivant d'abord la première tranche 8 trillions , et , à sa droite, successivement toutes les autres , le nombre proposé se trouve écrit par 8.007.000.300.080.

Ici , la tranche des plus fortes unités ne contient qu'*un seul* chiffre.

MANIÈRE DE LIRE LES NOMBRES.

34. En réfléchissant sur le principe de la division des nombres en tranches de trois chiffres , on remarque que, RÉCIPROQUEMENT , *pour traduire en langage ordinaire,* ou *pour lire* un nombre quelconque , exprimé en chiffres, il suffit de le séparer d'abord par tranches, comme il est dit précédemment, et d'énoncer ensuite chacune d'elles, à partir de la première à gauche, en donnant à chaque tranche le nom qui lui convient.

35. Soit, pour premier exemple , proposé de lire le nombre 928456.

Ce nombre étant ainsi divisé : 928.456, on voit qu'il se compose de *neuf cent vingt-huit-mille , quatre cent cinquante-six.*

Soit encore à lire le nombre 74310000100900.

Ce nombre étant ainsi partagé : 74.310.000.100.900, se traduira par *soixante-quatorze trillions , trois cent dix billions, cent mille, neuf cents.*

Supposons enfin qu'il s'agisse de lire le nombre 8000081006000000.

Après avoir séparé ce nombre par tranches comme dessus, ce qui donne : 8.000.081.000.600.000, on le lira par *huit quatrillions, quatre-vingt-un billions, six cent mille.*

NUMÉRATION DES FRACTIONS.

36. La théorie de la numération serait incomplète, si elle ne comprenait la nomenclature des *fractions*, et le moyen de *les* exprimer en chiffres.

37. On appelle *fraction* (n° 8), une quantité moindre que l'unité.

NOMENCLATURE OU FORMATION.

38. En réfléchissant sur *le mode de formation* qu'on a suivi pour obtenir les différens ordres d'unités des nombres entiers, on remarque que *chaque unité* d'un rang supérieur en renferme *dix* du rang immédiatement inférieur ; de sorte que celle-ci n'est que la dixième partie de l'autre.

Par exemple , l'*unité de centaine* n'est que la *dixième* partie de l'*unité de mille* ; l'*unité de dixaine*, la *dixième* partie de l'*unité de centaine* ; et l'*unité simple*, la *dixième* partie de l'*unité de dixaine*.

1.

39. Ainsi, pour mieux lier la numération des fractions à celle des entiers, que les deux n'en fassent
absolument qu'une, nous concevrons l'unité divisée
d'abord en *dix parties égales* appelées *dixièmes* ; ensuite le *dixième*, en *dix autres parties égales* nom-
mées *centièmes* ; le *centième*, en *dix nouvelles parties
égales* appelées *millièmes*, et ainsi de suite : ce qui
donnera des *dix millièmes*, des *cent millièmes*, des
millionièmes, etc...

D'où il suit qu'en comptant par *dixièmes*, *centièmes*, *miillièmes*, etc., comme on a compté par
unités simples, *dizaines*, *centaines*, etc., seulement
dans un ordre inverse à celui qu'on a suivi pour la
formation des entiers, il sera facile de former tous les
nombres de *dix* en *dix* fois plus petits que l'unité.

Nous disons dans un ordre inverse, parce qu'il ne
conviendrait pas de commencer par : *un dixième*,
deux dixièmes, *trois*, *quatre*, *cinq*, *six*, *sept*, *huit*,
et *neuf dixièmes* ; tandis qu'au contraire, pour passer
des dixièmes à la formation des parties *dix* fois plus
petites ou des *centièmes*, il faut nécessairement avoir
déjà compté jusqu'au *dernier* dixième, et ainsi des
autres.

41. Ces fractions sont appelées *fractions décimales*
ou simplement *décimales*, parce qu'elles se forment
de parties de dix en dix fois plus petites.

42. On désigne sous la dénomination de *nombre décimal*, un entier accompagné d'une fraction décimale.

MOYEN D'EXPRIMER EN CHIFFRES LES FRACTIONS DÉCIMALES.

43. De même que la formation des fractions décimales découle naturellement de celle des nombres entiers, de même aussi la manière dont on a représenté ceux-ci nous fournit un moyen très simple de représenter celles-là.

44. En effet ; en faisant usage des *mêmes caractères* que pour la numération écrite, et en suivant d'une manière inverse, le *principe* (no 24) qui y sert de fondement, il est évident qu'il sera possible d'exprimer en chiffres toutes les parties de *dix* en *dix* fois plus petites que l'unité.

45. Ainsi, l'ensemble des chiffres 428 unités 145 s'exprime par 428 *unités*, 1 *dixième*, 4 *centièmes* et 5 *millièmes* (1).

De même, 18,02078 renferme 18 *unités*, 0 *dixième*, 2 *centièmes*, 0 *millième*, 7 *dix millièmes* et 8 *cent millièmes*.

46. Réciproquement, 20 *unités*, 1 *dixième*, 0 *centième* et 9 *millièmes* se représentent par 20,109.

Et enfin, 5 *unités*, 0 *dixième*, 0 *centième*, 3 *millièmes*, 6 *dix millièmes et* 7 *cent millièmes* s'expriment par 5,00367.

---

(1) Pour ne pas confondre les entiers avec les décimales, il est urgent de se servir d'une figure quelconque, une virgule, (,) par exemple, que l'on place après les entiers.

MANIÈRE DE LIRE LES DÉCIMALES.

47. Soit proposé maintenant d'énoncer en *langage ordinaire*, ou de *lire* le nombre décimal 450,1627.

Ce nombre peut d'abord s'exprimer par 450 unités 1 dixième, 6 centièmes, 2 millièmes et 7 dix millièmes. Mais, d'après le principe de divisibilité de l'unité de dix en dix, le chiffre 1 des dixièmes vaut 10 *centièmes*, 100 *millièmes*, 1000 *dix millièmes* ; de même, 6 centièmes équivalent à 60 *millièmes*, à 600 *dix millièmes* ; et, par la même raison, 2 millièmes ont même valeur que 20 *dix millièmes*. Ainsi, en réunissant : 1 mille, plus 6 cents, plus 20 et plus 7 dix millièmes équivalent évidemment à 1627 dix millièmes. Donc, le nombre total, ou le nombre proposé, revient à 450 *unités* 1627 *dix millièmes*.

Soit encore proposé de lire le nombre 1.718,70809.

Ce nombre renferme d'abord 1.718 unités 7 dixièmes, 0 centième, 8 millièmes, 0 dix millièmes et 9 cent millièmes ; ainsi, suivant le principe précédent, il s'énoncera par 1.718 *unités* 70809 *cent millièmes*.

Supposons, pour dernier exemple, qu'il s'agisse de lire le nombre 24,0080507.

En décomposant ce nombre comme dessus, on obtient d'abord 24 unités, 0 dixième, 0 centième, 8 millièmes, 0 dix millièmes, 5 cent millièmes, 0 millionième et 7 dix millionièmes. Raisonnant ensuite comme dans le n° 47 : 8 millièmes valent 80 *dix millièmes*, 800 *cent millièmes*, 8000 *millionièmes*, 80000 *dix millionièmes* ; et, par la même raison, 5 cent millièmes

équivalent à 50 *millionièmes*, ou à 500 *dix millionièmes*. Ainsi, 80 mille, plus 5 cent et plus 7 dix
millionièmes font évidemment 80507 dix millionièmes. Donc, le nombre proposé s'énoncera par 24
unités 80507 *dix millionièmes*.

D'où il suit que *pour lire un nombre décimal quelconque, on énonce d'abord les entiers ; ensuite on énonce la
fraction décimale comme si elle exprimait un nombre entier, en ayant soin de placer à la fin de l'énoncé, le nom
de la dernière subdivision décimale.*

Ainsi, 108,0938 se lira par 108 *unités* 938 *dix millièmes* ; 6,000709, par 6 *unités* 709 *millionièmes* ;
13,400038678, par 13 *unités* 400038678 *billionièmes*.....

48. On pourrait comprendre dans un seul énoncé la
partie des entiers et celle des décimales..

49. Soit, pour exemple, le nombre 36,875.

D'abord, ce nombre revient à 36 unités 875 millièmes. Observons ensuite qu'*une unité* vaut 10
dixièmes, 100 *centièmes*, 1000 *millièmes* ; ainsi, 36
unités équivalent évidemment à 36000 *millièmes ;* donc
le nombre total, ou le nombre proposé s'exprime par
36875 *millièmes.*

Soit encore le nombre 4.756,00708 qu'on se propose
d'énoncer sans faire attention à la virgule.

D'abord, les 4.756 unités équivalent à 47560
dixièmes, à 475.600 *centièmes*, à 4.796.000 *millièmes,* à 47.560.000 *dix millièmes,* ou à 475.600.000
cent millièmes ; donc, le nombre total revient à
475.600.708 *cent millièmes.*

D'où il résulte que *pour lire un nombre décimal sans*

faire attention à la virgule, on énonce ce nombre comme s'il exprimait des entiers ; mais on a soin de placer à la fin de l'énoncé le nom de la dernière subdivision que renferme l'énoncé. Il convient, et même il est d'usage d'énoncer les entiers et les décimales chacun séparément.

MANIÈRE D'ÉCRIRE LES DÉCIMALES.

50. **Réciproquement**, soit proposé d'*exprimer en chiffres* ou *d'écrire* un nombre décimal traduit en langage ordinaire ; par exemple, *cinq cent quatre-vingt-seize unités trois cent soixante-douze millièmes.*

D'abord, les unités s'écrivent ainsi (596). Pour écrire ensuite les décimales, on remarque (n° 47) que 300 millièmes reviennent à 30 *centièmes*, ou à 3 *dixièmes* ; de même, 70 millièmes équivalent à 7 *centièmes*. Ainsi, en plaçant d'abord les entiers 596, et ensuite écrivant successivement à la droite de ce nombre, les trois chiffres 3, 7 et 2, on obtient 596,372 pour le nombre proposé.

Soit, pour deuxième exemple, à écrire le nombre *dix-neuf unités vingt-huit dix millièmes.*

On écrit d'abord les unités (19), et on place la virgule ; ensuite, comme 20 dix millièmes ne reviennent qu'à 2 *millièmes*, il n'y a par conséquent ni *centièmes* et ni *dixièmes* dans l'énoncé du nombre. Ainsi, en plaçant *deux* zéros à la suite de la virgule pour en tenir lieu, le nombre proposé sera écrit par 19,0028.

Soit enfin proposé d'écrire le nombre *sept unités huit mille neuf millionièmes.*

Après avoir écrit les unités comme à l'ordinaire (7), on observe d'abord que, la partie décimale devant contenir six chiffres, ne renferme par conséquent ni *dixièmes*, ni *centièmes*, ni *dix millièmes* et ni *cent millièmes*; ainsi, en écrivant un 0 à la place de chacun des ordres décimaux manquans, le nombre proposé se trouvera représenté par 7,008009.

D'où l'on voit que pour écrire un nombre décimal énoncé en langage ordinaire, on écrit d'abord les entiers, et on place la virgule; ensuite on écrit successivement les chiffres qui représentent les dixièmes, centièmes, millièmes, etc., que renferme l'énoncé, en ayant soin de remplacer par des zéros les divers ordres d'unités décimaux qui peuvent manquer.

51. Il peut arriver aussi que le nombre proposé ne renferme point d'entier, ou qu'il soit une fraction proprement dite; alors, dans ce cas, on écrit un 0 pour tenir la place des entiers, et on opère ensuite comme précédemment.

Ainsi, *vingt-cinq centièmes se représentent* par 0,25; *trois cent six dix millièmes*, par 0,306; *six mille neuf millionièmes*, par 0,006009.

Dans tous les cas, pour bien exprimer en chiffres les décimales, il faut faire attention que la dernière subdivision occupe le rang que lui assigne l'énoncé.

52. Enfin, un nombre décimal peut encore être énoncé sans que les tiers soient distingués des décimales, et le nombre n'en est que plus facile à écrire en chiffres.

53. En effet; soit, pour exemple, proposé d'écrire le nombre *trente-huit mille six cent quarante-cinq millièmes.*

On écrit d'abord ce nombre comme s'il exprimait

des entiers (38.645); ensuite on place la virgule de manière que le dernier chiffre 5, à droite, exprime des *millièmes*, ou occupe le *troisième* rang décimal. Dans cet exemple, il faut donc la placer entre le 8 et le 6 ; et 38,645 est le nombre proposé.

Sont encore à écrire le nombre *six millions neuf cent mille deux cent sept cent millièmes.*

Ce nombre s'exprime d'abord par l'ensemble des sept chiffres 6.900.207; ensuite, comme le dernier chiffre 7 doit occuper le *cinquième* rang décimal, on place la virgule à la droite du 9; et on obtient 69,00207 pour le nombre demandé.

D'où il suit que *pour exprimer en chiffres un nombre décimal énoncé sans distinguer les entiers des décimales , on écrit d'abord ce nombre comme s'il était un nombre entier; et on place ensuite la virgule de manière que le dernier chiffre à droite exprime des unités de la dernière subdivision que comporte l'énoncé.*

CONSÉQUENCES.

54. Ce système de numération porte le nom de *système décimal* : 1º Parce que les nombres y sont formés d'unités de *dix* en *dix* fois plus grandes ou plus petites ; 2º et qu'ils y sont tous représentés à l'aide de *dix* caractères seulement.

55. Il résulte du principe fondamental de la numération écrite des nombres entiers, que *tout chiffre significatif* a *deux* espèces de *valeur* : l'une nommée *absolue*, et l'autre *relative*.

La valeur absolue d'un chiffre est celle qu'il a étant seul ou considéré seul ; et sa valeur relative, celle que lui donne le rang qu'il occupe à la gauche d'*un* ou de *plusieurs* autres chiffres.

Ainsi, dans le nombre 468, les chiffres 4, 6 et 8 ont pour valeur absolue *quatre, six* et *huit* ; mais la valeur relative du second est *soixante*, et celle du troisième est *quatre cents* ; parce que le chiffre 6 exprime des dizaines, et le chiffre 4 des centaines.

Nota. On conçoit que ce nombre peut aussi bien exprimer des entiers que des décimales ou les deux à la fois, puisque c'est du même principe que sont représentés tous les nombres plus grands et plus petits que l'unité.

56. Il suit évidemment du même principe, que, si l'on écrit ou l'on supprime *à la droite d'un nombre entier quelconque*, *un, deux, trois, ...* zéros, ce nombre sera rendu *dix, cent, mille, ...* fois plus grand ou plus petit.

En effet, dans le premier cas, chacun des chiffres significatifs de ce nombre, reculant d'*un, deux, trois, ...* rangs vers la gauche, exprimera alors des unités 10, 100, 1000, ... fois plus grandes ; donc le nombre sera lui-même 10, 100, 1000, ... fois plus grand.

Dans le second cas, au contraire, le nombre contenant *un, deux, trois, ...* chiffres de moins, chacun des chiffres restans représentera des unités 10, 100, 1000, ... fois plus petites, donc le nombre sera 10, 100, 1000, ... fois plus petit.

Ainsi, les nombres 5.280, 52.800, 528.000,

5.280.000 , 52.800.000 ,..... sont évidemment 10, 100, 1000, 10000, 100000,.... fois plus grands que le nombre primitif 528, à la droite duquel on a successivement placé *un*, *deux*, *trois*, *quatre*, *cinq*,..... zéros.

Réciproquement, 5.280.000 , 528.000, 52.800, 5.280 , 528 sont 10 , 100 , 1000 , 10000, 100000 fois plus petits que 52.800.000 , dont on a retranché sur la droite successivement *un*, *deux*, *trois*, *quatre*, *cinq zéros*.

57. On remarque également qu'un nombre décimal quelconque devient *dix*, *cent*, *mille*,..... fois plus grand ou plus petit, selon qu'on avance *la virgule d'un*, *deux*, *trois*..... rangs vers la droite, ou qu'on *la recule d'un*, *deux*, *trois*,.... rangs vers la gauche.

Dans le premier cas, la *valeur relative* de chaque chiffre devient effectivement 10, 100, 1000,..... fois plus grande; donc, le nombre est aussi 10, 100, 1000,.... fois plus grand.

Dans le second cas, au contraire, *cette valeur* devenant 10, 100, 1000,.... fois plus petite, le nombre est par conséquent 10, 100, 1000,.... fois plus petit.

Ainsi , les nombres 4.096,0875 , 40.960,875 , 409.608,75, 4.096.087,5 sont évidemment 10, 100, 1000, 10000 fois plus grands que le nombre primitif 409,60875 , duquel la virgule a été successivement avancée d'*un*, *deux*, *trois*, *quatre* rangs vers la droite.

Réciproquement, 409.608,75, 40.960,875, 4.096, 0875, 409,60875 sont 10, 100, 1000, 10000 fois plus petits que 4.096.087,5, dont on a successivement reculé la virgule d'*un*, *deux*, *trois*, *quatre* rangs vers la gauche.

D'où l'on conclut que, pour rendre un nombre quelconque 10, 100, 1000, ... fois plus petit, ou pour le diviser par 10, 100, 1000, ..., il suffit de séparer sur sa droite, par la virgule, *un, deux, trois,* . . . . . . chiffres.

58. Enfin, on ne change pas la valeur d'un nombre décimal en plaçant sur sa droite un nombre quelconque de zéros.

D'abord, en écrivant plusieurs zéros à la suite d'un nombre décimal sans déplacer la virgule, la partie entière de ce nombre ne change évidemment pas ; ensuite chaque chiffre significatif de la partie décimale, occupant à droite de la virgule toujours le même rang, représente également les mêmes unités : donc la partie décimale n'a pas changé de valeur : donc enfin le nombre lui-même n'a pas varié.

NUMÉRATION ROMAINE.

59. Les Romains, pour représenter les nombres, se servaient de *sept lettres* seulement,

Qui sont : I,   V,   X,   L,   C,   D,   M.

qui s'énoncent : un, cinq, dix, cinquante, cent, cinq cents, mille.

Qui valent : 1,   5,   10,   50,   100,   500,   1000.

60. Ces mêmes lettres, surmontées d'*un trait*, (—), expriment des unités *mille* fois plus grandes.

Ainsi : $\overline{\text{I}}$, $\overline{\text{V}}$, $\overline{\text{X}}$,

Expriment : 1.000, 5.000, 10.000,

Ainsi : $\overline{\text{L}}$, $\overline{\text{C}}$, $\overline{\text{D}}$, $\overline{\text{M}}$.

Expriment : 50.000, 100.000, 500.000, 1.000,000.

61. Surmontées de *deux traits*, elles représentent des unités *un million* de fois plus grandes, c'est-à-dire mille fois plus grandes que surmontées d'un seul trait.

Donc : $\overline{\overline{\text{I}}},$ $\overline{\overline{\text{V}}},$ $\overline{\overline{\text{X}}},$

Valent : 1.000.000, 5.000.000, 10.000.000,

Donc : $\overline{\overline{\text{L}}},$ $\overline{\overline{\text{C}}},$ $\overline{\overline{\text{D}}},$ $\overline{\overline{\text{M}}}.$

Valent : 50.000.000, 100.000.000, 500.000.000, 1.000.000.000,

Et ainsi de suite.

D'où il suit que les mille premiers nombres étant connus, il est facile de former tous les nombres de *mille* en *mille* fois plus grands.

62. Le moyen d'exprimer en chiffres romains les mille premiers nombres, ou successivement tous les nombres compris entre I et V, V et X, X et L, L et C, C et D, D et M, est tiré des trois principes suivans :

1o. Qu'un chiffre placé à la droite d'un autre plus grand ou égal, s'ajoute avec cet autre chiffre ;

2o. Qu'un chiffre placé à la gauche d'un autre d'une valeur plus grande, s'en retranche ;

3o. Qu'un chiffre placé entre deux chiffres supérieurs se retranche de celui qui est à sa droite.

1. Ainsi, VI, XX, LXV, CCC, DCCCLXV expriment les nombres 6, 20, 65, 300, 865 ;

2. Ensuite, IV, IX, XL, XC, CD, CM, IM représentent les nombres 4, 9, 40, 90, 400, 900, 999.

3. Enfin, XIV, XXXIX, LIX, CXL, DLIX, DCCCXC, expriment 14, 39, 59, 140, 559, 890.

En réfléchissant sur *ces trois procédés*, il est facile de

reconnaître que le même chiffre ne doit pas être écrit plus de trois fois de suite.

63. Afin de mieux faire comprendre la manière de représenter en chiffres romains les mille premiers nombres, et par suite tous les autres, nous en donnons ci-dessous un tableau correspondant aux mille premiers nombres exprimés en chiffres ordinaires.

Chiffres ordinaires.	*Chiffres romains.*
1	I
2	II
3	III
4	IV
5	V
6	VI
7	VII
8	VIII
9	IX
10	X
11	XI
12	XII
13	XIII
14	XIV
15	XV
16	XVI
17	XVII
18	XVIII
19	XIX
20, 21, 22, 23, 24, 25, 26, 27, 28, 29	XX, XXI, XXII,...... XXIX
30, 31,. 39	XXX, XXXI,....... XXXIX
40, 41,. 49	XL, XLI,........ XLIX ou IL
50, 51,. 59	L, LI, ... LIX
60, 61,. 69	LX, LXI, ... LXIX
70, 71,. 79	LXX, LXXI, ... LXXIX

Chiffres ordinaires.	Chiffres romains.
80, 81, ... 89	LXXX, LXXXI, ... LXXXIX
90, 91, ... 99	XC, XCI, ... XCIX ou IC
100, 101, ... 199	C, CI, ... CXCIX ou CIC
200, 201, ... 299	CC, CCI, ... CCIC
300, 301, ... 399	CCC, CCCI, ... CCCIC
400, 401, ... 499	CD, CDI, ... CDIC
500, 501, ... 599	D , DI , ... DIC
600, 601, ... 699	DC , DCI , ... DCIC
700, 701, ... 799	DCC, DCCI, ... DCCIC
800, 801, ... 899	DCCC, DCCCI, ... DCCCIC
900, 901, ... 999	CM, CMI, ... CMIC ou IM
1000	M

Nota. — Nous avons donné cette numération, parce que les nombres en chiffres romains sont fréquemment employés, soit comme *nombres d'ordre*, soit pour représenter les *dates*, les *millésimes* dans les inscriptions monumentales, etc.

CHAPITRE II.

—

SYSTEME LÉGAL DES POIDS ET MESURES.

64. On appelle *système légal des poids et mesures*, l'ensemble des différentes unités de mesures adoptées pour évaluer les *longueurs*, les *surfaces*, les *volumes* ou *solides*, les *capacités*, les *poids* et les *monnaies*.

Nous avons déjà dit (n° 4) que ces unités sont : le MÈTRE, l'ARE, le MÈTRE-CUBE ou le STÈRE, le LITRE, le GRAMME et le FRANC.

65. Ce système, généralement et exclusivement suivi par toute la France, depuis le 1er janvier 1840, a reçu la dénomination de *système métrique*; parce que les diverses unités de mesures dont il se compose dérivent toutes du *mètre*.

Le mètre est par conséquent appelé l'*unité fondamentale*, ou la *base* du système des poids et mesures.

NOMENCLATURE DES MESURES MÉTRIQUES.

MESURES LINÉAIRES OU DE LONGUEUR.

66. L'unité de longueur ou le *mètre*, tiré du mot grec *metron* (mesure), est prise dans la nature : c'est la *dix millionième partie* de la distance de l'un des pôles à l'équateur, ou la *quarante millionième partie* du méridien terrestre, comptée sur le méridien qui passe à Paris (1).

67. Pour former des mesures plus grandes et plus petites que le mètre, ainsi que de chacune des autres mesures, on a créé sept mots nouveaux, dont *quatre* tirés du grec, et *trois* du latin.

Les quatre venant du grec représentent des mesures de *dix* en *dix* fois plus grandes ;

Ce sont : MYRIA , KILO , HECTO , DÉCA ,
Qui signifient : *dix mille, mille, cent, dix.*

Les trois pris du latin représentent des mesures de *dix* en *dix* fois plus petites ;

---

(1) Il faut savoir que l'*équateur* est une ligne imaginaire qui divise le *globe terrestre* en *deux parties égales* dans le sens de la course du soleil, et que le *méridien* est une autre ligne également imaginaire qui partage aussi le *globe* en *deux parties égales* dans le sens tout-à-fait opposé à celui de l'équateur ; de sorte que ces deux lignes se coupent à angles droits et par le milieu.

Ce sont : DÉCI ,   CENTI ,   MILLI ,
Qui signifient : *dixième de, centième de, millième de.*

68. Ces différens mots se placent à la gauche de chacune des diverses mesures qu'ils représentent, de manière à ne former qu'un seul mot avec elle.

69. Voici d'abord le tableau des mesures plus grandes et plus petites que le *mètre* :

Myriamètre,   ou mesure de   dix mille mètres ;
Kilomètre, ... mille mètres ;
Hectomètre, ... cent mètres;
Décamètre, ... dix mètres;
MÈTRE, ... unité principale;
Décimètre, ... dixième de mètre ;
Centimètre, ... centième de mètre ;
Millimètre, ... millième de mètre.

LEUR USAGE.

70. Le *myriamètre* et le *kilomètre* sont les seules mesures itinéraires ou de distances : le myriamètre sert à exprimer les grandes distances, comme de deux contrées, de deux villes, de deux endroits très éloignés l'un de l'autre ; le kilomètre est employé pour représenter les petites distances, tel que d'un village à un autre, de deux villes fort proches l'une de l'autre. L'*hectomètre* a aussi son usage ; on s'en sert pour exprimer la longueur d'une place, celle d'une rue, la hauteur d'un édifice, celle d'un arbre, etc. Le *décamètre*, par exemple, qui a formé la chaine d'arpenteur en lui

donnant son **nom** , s'emploie pour mesurer les terrains, et par suite pour lever les plans . Enfin, le *mètre et les autres mesures* plus petites servent aux marchands d'étoffes, aux maçons, aux tailleurs, aux chapeliers, etc., pour les petits mesurages.

MESURES DE SUPERFICIE.

71. L'unité de superficie ou l'*are* est le *décamètre carré*, c'est-à-dire un carré qui a *dix mètres* de chaque côté : ce qui forme une surface de *cent mètres carrés*.

72. Tableau des mesures plus grandes et plus petites que l'*are* :

Myriare, qui signifie   dix mille ares ;
Kilare,. . . . . . . mille ares;
Hectare,. . . . . . . cent ares;
Décare, ... dix ares;
ARE , ... unité principale ;
Déciare, ... dixième d'are;
Centiare, ... centième d'are;
Milliare,. . . . . . millième d'are.

LEUR USAGE.

73. Le *myriare*, l'*hectare*, l'*are* et le *centiare* sont les mesures dont on fait principalement usage : on se sert du myriare pour exprimer les grandes surfaces, comme celle d'une partie de la terre, d'une contrée, etc.; c'est en hectares qu'on représente la surface d'une campa-

gne, d'une forêt, d'une propriété considérable ; enfin ,
l'are et le centiare sont employés pour exprimer toutes
les autres petites surfaces. Le centiare n'est autre chose
que le *mètre carré*.

MESURES DE SOLIDITÉ.

74. L'unité de solidité ou le *stère* est un cube ayant
un *mètre* de chaque face : ce qui forme le *mètre-cube*.

75. *Nota.* — Les mesures plus grandes que le *mètre
cube* n'ont pas reçu de dénominations particulières ;
quant aux mesures plus petites, on fait usage du *décimètre-cube* et du *centimètre-cube* , qui ne sont autre
chose que le *millième* et le *millionième* du mètre-cube;
parce qu'en effet le décimètre est un cube qui a le
dixième du mètre de chaque côté; et le centimètre un
autre cube n'ayant que le *centième* du mètre de chaque
face. Le mètre-cube et ses deux autres parties servent
pour exprimer le volume des pierres , celui des sables,
des terres, etc.

Mais, lorsqu'il s'agit d'évaluer les volumes des bois
de chauffage, l'unité de solidité prend alors le nom de
stère; on considère ensuite le *décastère* (mesure de dix
stères), qui est la seule mesure supérieure en usage du
stère. A l'égard des mesures inférieures , il n'y a que
le *décistère* (dixième de stère) dont on se serve pour
exprimer le volume des bois de charpente.

MESURES DE CAPACITÉ.

76. L'unité de capacité ou le *litre* est un cube qui a *un décimètre* de chaque côté : ce qui forme le *décimètre cube*, volume *mille* fois plus petit que le mètre cube.

77. Quant aux mesures plus grandes et plus petites que le *litre*, voici celles qui sont en usage :

Hectolitre, ou mesure de   cent litres ;
Décalitre, ... dix litres;
LITRE ,   unité principale;
Décilitre , ... dixième du litre;
Centilitre, ... centième du litre.

LEUR USAGE.

78. L'*hectolitre* et le *décalitre* sont deux mesures très en usage dans le commerce des matières sèches et des liquides : la première est employée pour évaluer ou représenter les grandes capacités , et la seconde , celles un peu moindres. Le *litre* et les *deux autres* mesures plus petites servent généralement dans les boutiques des débitans, des grenetiers, etc., pour la vente en détail.

Nota. — Le *kilolitre*, qui a la capacité d'un mètre-cube, est quelquefois employé pour exprimer les capacités considérables ; mais le *myrialitre* et le *millilitre* ne servent, pour ainsi dire, presque jamais.

DES POIDS.

79. L'unité de poids ou le *gramme* équivaut au poids d'un *centimètre-cube* d'eau distillée, et ramenée à son maximun de densité.

80. Tableau des poids plus grands et plus petits que le gramme :

Myriagramme, ou poids de	dix mille grammes ;
Kilogramme, ...	mille grammes;
Hectogramme, ...	cent grammes;
Décagramme, ...	dix grammes;
GRAMME ,	unité principale;
Décigramme, . . . : .	dixième de gramme;
Centigramme, ...	centième de gramme;
Milligramme , ...	millième de gramme.

LEUR USAGE.

81. Le *myriagramme* sert pour toutes les fortes pesées dans tout genre de commerce. Le *kilogramme,* qui n'est autre chose que le poids d'*un décimètre-cube d'eau* telle qu'il est dit pour le gramme , s'emploie généralement dans toutes les boutiques pour les pesées ordinaires. L'*hectogramme* et le *décagramme* ne servent que pour les petites pesées ; ils sont aussi employés continuellement pour déterminer les parties du kilogramme. Quant au *gramme* et aux *autres poids* plus petits, ce sont les orfèvres, les joailliers, les lapidaires, les pharmaciens, qui en font usage pour les pe-

sées précieuses de l'or, de l'argent, des bijoux, des pierreries, des drogues, etc.

DES MONNAIES.

82. L'unité monétaire ou le *franc* est une pièce d'argent pesant *cinq grammes*, et contenant *neuf dixièmes* d'argent pur et *un dixième* d'alliage.

83. *Nota.* — Il n'y a que le *dixième* (décime) et le *centième* (centime) du franc dont on fait usage. A l'égard des autres valeurs, on n'a pas cru devoir leur donner de noms particuliers : elles suivent la dénomination décimale.

84. Pour peu qu'on réfléchisse sur cette nomenclature, on reconnaît (n° 65) qu'effectivement les diverses unités de mesures découlent toutes du *mètre*. Le *franc* lui-même qui paraît s'en éloigner, en dérive indirectement; puisque sa valeur est égale au poids de *cinq grammes*, et que le *gramme* est le poids d'*un centimètre cube* d'eau distillée.

85. Il résulte également de tout ce qui précède, que, dans le système métrique comme dans la numération décimale, le nombre 10 sert à former toutes les unités plus grandes ou plus petites que *l'unité principale ;* de sorte que pour passer des unités principales aux unités plus grandes ou plus petites, il suffit de rendre les nombres qui les représentent 10, 100, 1000, … fois plus grands, ou 10, 100, 1000, … fois plus petits. D'où l'on conclut que la formation des unités du système métrique n'est qu'une simple application de la

numération décimale : donc, les nombres décimaux peuvent s'appeler *nombres métriques*, et réciproquement ceux-ci prennent le nom de *nombres décimaux*; c'est-à-dire que le système métrique s'appelle aussi *système décimal*.

CHAPITRE III.

DU CALCUL.

86. Le CALCUL est l'art de *composer* et de *décomposer* les nombres par diverses opérations.

87. Les opérations servant à la composition des nombres, sont : l'ADDITION et la MULTIPLICATION ; celles qui servent à les décomposer, sont : la SOUSTRACTION et la DIVISION.

De là, quatre sortes d'opérations principales ou fondamentales, et qu'on place dans l'ordre suivant : l'*addition*, la *soustraction*, la *multiplication* et la *division*.

88. Nous allons exposer successivement ces quatre opérations ; et, afin de rendre *les procédés* indépendans de toute espèce de question, nous considèrerons les nombres comme des *nombres abstraits* (n° 9). Toutefois, à la fin de chacune de ces opérations, nous nous

proposerons des questions relatives à des *nombres con-crets* (n⁰ *id.*), pour servir d'applications à celles sur les nombres abstraits.

DE L'ADDITION.

89. L'ADDITION est une opération qui a pour but de joindre ensemble plusieurs nombres de même nature pour n'en faire qu'un seul.

Le résultat de cette opération s'appelle *somme* ou *total*.

90. L'*addition* des nombres d'un seul chiffre s'effectue si facilement qu'il est inutile de s'y arrêter bien long-temps.

Ainsi, soit à ajouter ensemble les nombres 7, 3, 2, 4, 5, 6 et 9.

On dit : 7 et 3 font 10 et 2 font 12 et 4 font 16 et 5 font 21 et 6 font 27 et 9 font 36; donc, 36 est la *somme cherchée*.

On trouvera de même que 45 est le *total* des nombres 7, 9, 4, 8, 6, 3, 1 et 7.

NOMBRES ENTIERS.

91. PREMIER EXEMPLE. — *Soit d'abord proposé d'additionner les nombres* 31.240, 16.532 *et* 2.026.

On commence par écrire ces nombres
les uns sous les autres de manière que les
unités de même ordre ou de même espèce   31240
soient dans une même colonne verticale, et   16532
on tire *un trait* dessous ; ensuite on dit en   2026
commençant par les unités simples ou par   49.798
la première colonne à droite : 0 et 2 font 2
et 6 font 8 que l'on pose sous cette colonne.

Passant aux dizaines, on dit également : 4 et 3 font
7 et 2 font 9 que l'on écrit au rang des dizaines.

Puis aux centaines : 2 et 5 font 7 et 0 font 7 que l'on
place sous les centaines.

Ensuite aux mille : 1 et 6 font 7 et 2 font 9 que l'on
pose sous la colonne des mille.

Enfin, opérant sur la dernière colonne : 3 et 1 font
4 que l'on écrit sous cette colonne.

Ainsi 49.798 est le *total* ou la *somme* des trois nombres proposés.

92. Deuxième exemple. — *Soit encore à joindre
ensemble les cinq nombres* 648.097, 268.645, 96.830,
1.385 et 90.

Après avoir disposé les nombres
comme dessus, on commence l'opéra-
tion par la droite, en disant : 7 et 5 font   648097
12 et 0 font 12 et 5 font 17 et 0 font 17;   268645
comme en 17 unités , il y a une di-   96830
zaine et 7 unités simples , on pose 7   1385
sous la colonne des unités, et on re-   90
tient la dizaine pour la reporter aux   1.015,047
dizaines de la colonne suivante.

Puis passant à cette colonne, on dit : 1 de retenue et 9 font 10 et 4 font 14 et 3 font 17 et 8 font 25 et 9 font 34 dizaines, ou 3 centaines et 4 dizaines ; on place donc 4 sous les dizaines, et l'on retient 3 que l'on reporte à la colonne des centaines.

Opérant sur les centaines : 3 de retenue et 0 font 3 et 6 font 9 et 8 font 17 et 3 font 20 centaines ou 2 mille tout juste ; alors on écrit un 0 sous la colonne et au rang des centaines pour en tenir la place, et l'on retient 2 pour les joindre aux mille de la colonne suivante.

Continuant : 2 de retenue et 8 font 10 et 8 font 18 et 6 font 24 et 1 font 25; en 25 mille , on pose 5 sous les mille, et l'on retient les 2 dizaines de millé pour les reporter à la colonne des dizaines de mille.

Ensuite : 2 de retenue et 4 font 6 et 6 font 12 et 9 font 21; en 21 , on place 1 et l'on retient 2 pour join- dre aux chiffres de la colonne suivante.

Enfin : 2 de retenue et 6 font 8 et 2 font 10 centai- nes de mille, ou 1 million; ainsi , on écrit un 0 sous les centaines de mille pour en tenir lieu , et, comme il n'y a plus de colonne à additionner, on avance 1. Ce qui donne le nombre 1.015.047 pour la *somme deman- dée*.

NOMBRES DÉCIMAUX.

93. Premier exemple. — *Supposons d'abord qu'il s'agisse d'additionner les trois nombres 4.640,4 , 126,15, et 32,435.*

Nota. — Comme l'*ordre* des décimales n'est qu'une suite tout-à-fait analogique de *celui* des entiers , il est évident que *l'addition* des nombres décimaux doit s'effectuer absolument de la même manière que *celle* des nombres entiers.

Ainsi, après avoir disposé les trois nombres ci-dessus les uns sous les autres de manière que les unités de même espèce se trouvent dans une même colonne verticale et souligné le tout , on commence l'opération par la première colonne à droite , ou par celle de la plus petite subdivision décimale que comportent les nombres proposés , en disant : 5 est 5 que l'on pose sous cette colonne; puis 5 et 3 font 8 que l'on écrit sous les centièmes; ensuite 4 et 1 font 5 et 4 font 9 que l'on place au rang des dixièmes ; et continuant d'opérer ainsi jusqu'à la dernière colonne , on trouve pour *total* 4.798,985, ou 4.798 *unités* 985 *millièmes*. (1)

$$
\begin{array}{r}
4640,4 \\
126,15 \\
32,435 \\
\hline
4.798,985
\end{array}
$$

____

(1) Pour mieux distinguer les colonnes , on aurait pu , avant d'effectuer l'addition, placer des zéros à la droite des décimales , afin de

94. Deuxième exemple. — *Soit encore à joindre en-semble les cinq nombres* 8,785,75, 2.656,2878, 408,055, 89,5, 26,20896

Lorsqu'on a écrit les nombres comme dessus , on commence l'opération par la droite , disant : 6 est 6, que l'on pose sous cette colonne ; et puis 8 et 9 font 17, en 17 on écrit 7 et l'on retient 1 ; ensuite 1 de retenue et 7 font 8 et 5 font 13 et 8 font 21; on place 1 sous cette colonne , et, l'on retient 2 ; 2 de retenue et 5 font 7 et 8 font 15 et 5 font 20; comme il n'y a point d'unité de cet ordre, on écrit un 0 pour en tenir la place, et l'on retient 2; 2 de retenue et 7 font 9 et 2 font 11 et 0 font 11 et 5 font 16 et 2 font 18 dixièmes , ou une unité et 8 dixièmes; on pose donc 8 sous les dixièmes, et l'on retient 1 pour reporter à la colonne des entiers ; continuant d'opérer ainsi jusqu'à la dernière colonne , on obtient pour *somme* le nombre 11.968,80176 ou 11.965 *unités* 80176 *cent millièmes.*

$$
\begin{array}{r}
8785,75 \\
2656,2878 \\
408,055 \\
89,5 \\
26,20896 \\
\hline
11.965,80176
\end{array}
$$

les rendre égales de part et d'autre, ce qui ne changerait évidemment pas la valeur des nombres (n° 58); mais, comme cette préparation n'a pas lieu à l'égard de la gauche des entiers, on peut, par la même raison, se dispenser de la faire pour la droite des décimales. Seulement, il faut bien faire attention de placer les chiffres, tant entiers que décimaux , de manière que chacun se trouve distinctement dans sa colonne respective.

95. **Troisième exemple.** — Enfin, on peut avoir à additionner ensemble des nombres entiers, des nombres décimaux, et des décimales ; *ainsi, supposons qu'il s'agisse d'additionner les six nombres* 2,486, 108, 26,148, 6,9, 0,4007, et 0,00328.

On commence toujours par disposer les nombres de manière que les unités de même ordre se correspondent, et on tire un trait sous le dernier nombre ; ensuite on opère comme à l'ordinaire. Ainsi, 8 est 8 que l'on pose sous la colonne des cent millièmes ; 7 et 2 font 9 que l'on écrit au rang des dix millièmes ; 8 et 0 font 8 et 3 font 11; on pose 1 et l'on retient 1; 1 de retenue et 4 font 5 et 0 font 5 et 0 ne font toujours que 5

$$
\begin{array}{r}
2486 \\
108 \\
26,148 \\
6,9 \\
0,4007 \\
0,00328 \\
\hline
2.627,45198
\end{array}
$$

que l'on écrit sous cette colonne ; et ainsi de suite ; ce qui donne pour résultat de cette opération le nombre *2627 unités 45198 cent millièmes.*

RÈGLE GÉNÉRALE.

96. D'où il résulte que *pour joindre ensemble plusieurs nombres de même nature, soit entiers ou décimaux, on les dispose d'abord les uns sous les autres de manière que les unités de même ordre ou de même espèce soient dans une même colonne verticale, et on souligne le tout. Ensuite on additionne successivement chacune des colonnes verticales, en commençant par la première à droite ; et on écrit au-dessous de la barre la*

somme des chiffres de cette colonne, si cette somme ne surpasse pas 9 ; mais si elle est plus forte que ce chiffre, ou si elle renferme des dizaines et des unités, alors on écrit seulement les unités sous cette colonne, et on retient les dizaines pour les reporter aux chiffres de la colonne suivante.

Opérant ainsi sur toutes les colonnes, on obtient la SOMME DEMANDÉE : puisqu'elle résulte en effet de la réunion des unités, dizaines, centaines, etc , qui entrent dans les nombres proposés.

97. REMARQUE. — Si la somme des chiffres de chaque colonne devait être tout au plus égale à 9, on pourrait commencer l'opération par la gauche comme par la droite (1); mais, comme généralement plusieurs de ces sommes surpassent 9, si l'on commençait par la gauche, on serait obligé de revenir sur un chiffre qu'on aurait écrit, pour l'augmenter d'autant d'unités qu'on aurait trouvé de dizaines dans la colonne suivante en opérant sur cette colonne : voilà pourquoi il convient dans tous les cas de commencer l'opération par la droite.

QUESTIONS SUR LES NOMBRES CONCRETS ,
OU PROBLÈMES SUR L'ADDITION.

I. La ville de Lyon renferme 182675 habitans ; celle de Marseille en contient 119840 ; celle de Bor-

---

(1) Tels sont le premier exemple des nombres entiers, et le premier des nombres décimaux.

deaux, 95000; celle de Nantes, 74845 ; celle de Toulouse , 67275. On demande combien ces cinq villes réunies renferment-elles d'habitans ?

Réponse. — Pour répondre à cette question , il est évident qu'il faut réunir en *une seule* toutes les populations proposées. Ainsi, après avoir disposé les nombres, et fait l'opération comme à l'ordinaire (tel qu'on le voit ci-dessous), on trouve pour population totale des cinq villes 539635 habitans.

Opération.

$$182675$$
$$119840$$
$$95000$$
$$74845$$
$$67275$$

539.635 habitans.

II. Un commerçant a payé quatre effets dans un même jour : le premier se montait à 17750 fr. 75 c.; le deuxième s'élevait à 1872 fr.; le troisième, à 986 fr. 25 c. ; le quatrième , à 38 f. 7 décimes. Et tous ces effets payés, il lui restait encore en caisse une somme de 8665 fr. 85 c. : on demande à combien s'élevait le montant de la caisse avant les paiemens?

Réponse. — Il est encore évident que pour résoudre ce problème, il faut rassembler les cinq sommes qui formaient le montant total de la caisse. Ainsi, l'opération terminée, on obtient 29413 f. 55 c. pour la somme totale de la caisse.

Opération.

$$
\begin{array}{r r}
17750 \text{ f.} & 75 \text{ c.} \\
1872 & 00 \\
986 & 25 \\
38 & 70 \\
8765 & 85 \\
\hline
\end{array}
$$

Somme totale : 29413 f. 55 c.

Remarque. — En effectuant les opérations des deux problèmes ci-dessus, on a considéré les nombres comme *abstraits*, quoiqu'ils soient *concrets* d'après les énoncés. En conséquence, nous ferons observer, une fois pour toutes, que, lorsqu'on a à résoudre un problême quelconque, on peut considérer les nombres comme abstraits ; à la réserve seulement de donner au résultat obtenu le nom de l'espèce d'unité que les nombres expriment dans l'énoncé : parce qu'en effet le *procédé* des opérations, en général, étant tout-à-fait indépendant de la nature des nombres, on peut envisager ceux-ci sous un point de vue purement abstrait ; sauf à donner ensuite au résultat final le nom de l'unité qu'indique l'énoncé de la question.

III. On a fait une remonte de chevaux à quatre régimens : le premier en a reçu 1095; le deuxième, 940;

le troisième, 798; et le quatrième, 535. Combien a-t-on fourni de chevaux en tout?

Réponse : 3359 chevaux.

IV. Un marchand de bois a fait les cinq achats suivans : 1° 136 stères 75 centistères; 2° 86 st. 8 d.; 3° 18 st. 09 c.; 4° 7 st.; 5° et 0 st. 95 c. : il désire savoir le nombre total de stères et de centistères qu'il a achetés ?

Réponse : 249 stères 59 centistères.

V. Un mercier a vendu dans la même journée : 1° 17 mètres 275 millimètres d'une certaine étoffe; 2° 9 m. 45 c. de la même étoffe ; 3° 7 m. 09 c. encore de la même étoffe; 4° et 5 m. toujours de la même étoffe. Ces quatre nombres de mètres ayant été levés sur une même pièce dont il reste encore 2 m. 85 c., on demande le nombre total de mètres que la pièce d'étoffe contenait ?

VI. Un commerçant qui doit les sommes suivantes : 27600 francs, 12675 f., 6890 f., 1000 f., 548 f. 75 c., et 75 f. 7 d., demande combien il doit pour le tout?

VII. Une servante rendant compte à son maître de son marché, lui dit : j'ai acheté pour 2 f. 85 c. de viande de boucherie; j'ai pour 3 f. 45 c. de volaille ; pour 0 f. 95 de pommes; pour 1 f. 8 d. de pruneaux ; pour 0 f. 475 m. de légumes; et j'ai payé 7 f. qui restaient dus. Elle veut savoir la somme totale qu'elle a déboursée ?

VIII. Un entrepreneur a fait exécuter : 1° 3609 mètres 75 centimètres pour la somme de 1765 francs

75 centimes, 2° 987 m. 35 c. pour celle de 846 fr. 5 d. ;
3° 672 m. pour 288 f. ; 4° 86 m. 8 d. pour 60 f. 45 c. ;
5° et 17 m. 95 c. pour 2770 f. Il demande combien il
en a fait faire de mètres et pour quelle somme totale ?

RÉPONSE. — On conçoit que pour résoudre ce problême, il faut effectuer deux opérations distinctes, celle
des mètres et celle des francs. Pour ne point embarrasser à cet égard, nous donnons ci-dessous le tableau
de ces opérations.

Opérations.

3609ᵐ.75		1765 f. 75 c.	
987	35	846	5
672		288	
86	8	60	45
17	95	2770	
5373ᵐ.85 c.m.		5730 f. 70 c.	

Donc, l'entrepreneur a fait exécuter 5373 mètres
85 centimètres d'ouvrage pour la somme de 5730 francs
70 centimes.

IX. Un débitant a acheté cinq pièces de vin différentes, et à différens prix : la première, contenant 248 litres, a coûté 107 francs ; la deuxième, 230 l., a coûté
112 f. 5 d. ; la troisième, 200 l., a coûté 126 f. 75 c. ;
la quatrième, 190 l., a coûté 175 f. ; et la cinquième,
170 l., a coûté 208 f. Combien les cinq pièces coûte-

naient d'hectolitres et de litres, et combien ont-elles
coûté?

X. Un père de famille partage son bien entre ses
cinq enfans de la manière suivante : il donne au premier 28 hectares 45 ares de terres, et 28600 francs d'argent; au deuxième, 22 h. 75 a., et 30000 f. ; au troisième, 18 h. 08 a., et 36845 f., au quatrième, 15 h.,
et 40000 f.; au cinquième, 8 h. 85 a., et 50000 fr.; et
pour lui-même, il se réserve 126 h. 65 a., et une
somme de 120000 f. On demande à combien s'élève la
fortune en terres et argent de ce riche père de famille ?

SOUSTRACTION.

—

98. La SOUSTRACTION est une opération qui a pour
objet de retrancher un nombre d'un autre de même
nature.

Le *résultat* de cette opération se nomme *reste, excès*
ou *différence*.

99. Tant que les nombres proposés ne sont que
d'un seul chiffre, la soustraction n'offre aucune difficulté.
Ainsi, l'excès de 9 sur 3 est 6; la différence de 8 à 3 est
5; de 6 à 5 est 1; de 4 à 1 est 3; de 8 à 8 est 0 : ou autrement, 3 de 9 reste 6; 3 de 8 reste 5; 5 de 6 reste 1;
1 de 4 reste 3; et 8 de 8 reste 0.

NOMBRES ENTIERS.

100. Premier exemple. — *Soit proposé maintenant de soustraire* 24.615 *de* 47.689.

On écrit d'abord les deux nombres l'un sous l'autre, le plus petit sous le plus grand, de manière que les unités de même ordre soient dans la même colonne, et on

$$\begin{array}{r} 47\ 689 \\ 24\ 615 \\ \hline 23.074 \end{array}$$

tire un trait dessous. Ensuite on commence l'opération par la droite, en disant : 5 de 9, reste 4 que l'on écrit sous cette colonne ; puis, passant aux dizaines, 1 de 8 reste 7 que l'on pose sous les dizaines ; ensuite, 6 de 6 reste 0 que l'on place au rang des centaines ; continuant d'opérer de même sur les deux autres colonnes, 4 de 7, reste 3, et 2 de 4 reste 2 : ce qui donne 23.074 pour *reste cherché*.

En effet, on voit que le plus grand nombre contient de plus que l'autre 4 unités simples, 7 dizaines, 0 centaine, 3 mille et 2 dizaines de mille ; et le surpasse par conséquent de 23.074.

Nota. — Au lieu de dire : 5 de 9, etc., on pourrait s'y prendre ainsi : de 9 ôter 5, reste 4 ; de 8 ôter 1 reste 7 ; de 6 ôter 6, reste 0 ; de 7 ôter 4, reste 3 ; et de 4 ôter 2, reste 2 : ce qui donnerait le même résultat 23.074.

101. Deuxième exemple. — *Soit encore à retrancher* 184.262 *de* 682.435.

Après avoir disposé les deux nombres comme ci-dessus, on dit d'abord : 2 de 5, ou de 5 ôter 2, reste 3 que l'on pose sous les unités; puis, de 3 ôter 6,

$$
\begin{array}{r}
682\ 435 \\
184\ 262 \\
\hline
498.173
\end{array}
$$

cela ne se peut : alors la soustraction de ces deux chiffres ne peut s'effectuer du moins pour le moment.

Pour obvier à cet inconvénient, on emprunte, par la pensée, sur le chiffre des centaines d'à côté, une centaine qui vaut 10 dizaines, et que l'on joint aux 3 dizaines que l'on a déjà, ce qui donne 13; alors on dit : de 13 ôter 6, reste 7 que l'on écrit au rang des dizaines.

Passant ensuite à la colonne des centaines, on observe que le chiffre supérieur 4 ne vaut plus que 3 à cause de l'emprunt ; ainsi, de 3 ôter 2, reste 1 que l'on place sous cette colonne.

Opérant maintenant sur les mille, on dit : de 2 ôter 4, cela ne se peut; mais empruntant comme précédemment sur le chiffre 8 des dizaines de mille, 1 qui vaut 10 mille, avec 2 que l'on a déjà, ce qui forme 12 ; alors on dit : de 12 ôter 4, reste 8 que l'on pose sous les mille.

Passant aux dizaines de mille, et observant que le chiffre supérieur 8 ne vaut plus que 7, on dit : de 7 ôter 8 cela ne se peut encore ; mais empruntant comme à l'ordinaire, de 17 ôter 8 reste 9, que l'on écrit au rang des dizaines de mille.

Enfin, opérant sur la dernière colonne, on dit : de 5 (par rapport à l'emprunt) ôter 1, reste 4 que l'on place sous cette colonne.

Ainsi, la *différence* des deux nombres proposés est 498.173.

102. Troisième exemple. — *Soit enfin proposé de soustraire* 768.459 *de* 800.407.

Lorsqu'on a disposé les nombres comme à l'ordinaire, on commence l'opération en disant : de 7 ôter 9, cela ne se peut ; alors on doit emprunter une unité sur le premier chiffre à gauche : mais ce chiffre étant un 0, il faut avoir recours au chiffre 4 des centaines, sur lequel on prend 1 qui vaut 10 dizaines ; et comme on n'a besoin que d'une seule

$$\begin{array}{r} \overset{9\;\;9\quad\;9}{800}.407 \\ 768\;\,459 \\ \hline 31.948 \end{array}$$

dizaine, on en laisse 9 au-dessus du zéro, et on garde l'autre que l'on joint aux 7 unités que l'on a, ce qui donne 17 ; ainsi, on dit : de 17 ôter 9, reste 8 que l'on écrit sous les unités.

Puis, passant à la colonne des dizaines, on dit : de 9 ôter 5 reste 4, que l'on pose sous cette colonne.

Opérant ensuite sur les centaines, on observe que le chiffre supérieur 4 n'étant plus que 3 à cause de l'emprunt, le chiffre inférieur 4 correspondant n'en peut être retranché ; ainsi, on doit avoir recours au premier chiffre à gauche : mais ce chiffre et le suivant sont des zéros; alors il faut emprunter une unité sur le chiffre significatif 8 qui est à la gauche de ces zéros : cette unité en vaut 10 de l'ordre suivant, et 100 de l'ordre des mille ; or, comme on n'a besoin que d'une seule unité de ce dernier ordre, on en laisse 99 qu'on reporte sur les deux zéros. Enfin, 1 mille d'emprunt et 3 centaines que l'on a déjà font 13 centaines ; ainsi, de 13 ôter 4, reste 9 que l'on place sous les centaines.

Dans les deux soustractions suivantes, chacun des zéros étant remplacé par un 9, on dit : de 9 ôter 8, reste 1; et de 9 ôter 6, reste 3.

Passant enfin à la dernière colonne, comme le chiffre supérieur 8 ne vaut plus que 7 par rapport à l'emprunt, on dit : de 7 ôter 7, reste 0.

Donc, la différence des deux nombres est 31.948.

Pour mieux faire comprendre la manière dont le nombre supérieur a été décomposé, on peut disposer l'opération ainsi qu'il suit :

Nombre supérieur :	7	9	9	13	9	17
Nombre inférieur :	7	6	8	4	5	9
Reste :		3	1	. 9	4	8

D'où l'on voit que le nombre supérieur est plus fort que le nombre inférieur de 8 unités, 1 dizaines, 9 centaines, 1 mille et 3 dizaines de mille ; ou le surpasse de 31.948.

NOMBRE DÉCIMAUX.

103. Premier exemple. — *Supposons d'abord qu'il s'agisse de retrancher* 140,65 *de* 678,68.

De même que l'*addition* des nombres décimaux s'effectue comme *celle* des nombres entiers, de même ausi la *sous-traction* des décimales n'est qu'une suite toute naturelle de *celle* des entiers. Ainsi, après avoir disposé les nombres de manière que les unités de même espèce se correspondent, et

$$\begin{array}{r} 678,68 \\ 140,65 \\ \hline 538,03 \end{array}$$

tiré un trait au-dessous, on dit : de 8 ôter 5, reste 3 que l'on écrit sous les centièmes ; puis, de 6 ôter 6, reste 0 que l'on place au rang des dixièmes; opérant de la même manière sur les autres colonnes : de 8 ôter 0, reste 8; de 7 ôter 4, reste 3; et enfin de 6 ôter 1, reste 5, on obtient 538,03, ou 538 *unités* 3 *centièmes* pour le reste *cherché*.

104. Deuxieme exemple. — *Soit ensuite à soustraire* 275,34085 *de* 3.820,209.

Nota. — Avant d'effectuer cette opération, nous ferons observer un cas particulier qui se présente très-souvent dans la soustraction des nombres décimaux : c'est celui où l'un quelconque des nombres proposés, contient moins de chiffres décimaux que l'autre. Si c'est le plus grand nombre qui en renferme de moins, alors, avant l'opération, il est nécessaire de placer à la droite de ce nombre autant de zéros qu'il en faut pour que les deux nombres soient égaux en décimales ; si,

au contraire , le plus petit nombre contient moins **de**
chiffres décimaux que l'autre , on pourrait se dispenser de faire cette préparation. Toutefois , afin de ne
point embarrasser l'élève à ce sujet , on pourra, dans
les deux cas , rendre les décimales égales de part et
d'autre. On sait d'ailleurs (n° 58) qu'en ajoutant un ou
plusieurs zéros sur la droite d'un nombre décimal, on
ne change aucunement la valeur de ce nombre.

Ainsi , après avoir placé deux zéros
à la droite du nombre supérieur , ce
qui donne . . . . $\overset{9}{3}8\overset{10}{2}0,30\overset{9}{9}0\overset{10}{0}$
on écrit le nombre inférieur au-dessous   275,34085
de manière que les unités de même   3.544,96815
espèce se trouvent toujours dans une
même colonne verticale, et on tire un
trait. Ensuite on commence , comme
à l'ordinaire, l'opération par la droite, ou par la colonne de la dernière subdivision décimale que comportent les nombres proposés.

Mais, avant d'opérer sur cette colonne, il est nécessaire d'observer que le chiffre supérieur étant un **zéro**,
son correspondant 5 n'en peut être retranché : ainsi ,
on doit déjà avoir recours au premier chiffre d'à côté.
Or, ce chiffre est aussi un zéro ; alors il faut emprunter, sur le chiffre significatif 9 qui est à la gauche de
ces zéros, une unité qui en vaut 10 de l'ordre suivant;
mais comme on n'a besoin que d'une seule unité de cet
ordre, on en laisse 9 au-dessus du zéro , et on garde
l'autre que l'on joint au zéro sur lequel on opère, ce
qui donne 10. Alors, on dit : de 10 ôter 5 , reste 5 que
l'on écrit sous cette colonne.

Opérant sur la deuxième colonne, ou sur la colonne des dix millièmes, on dit : de 9 ôter 8, reste 1 que l'on place au rang des dix-millièmes.

Passant ensuite sur les millièmes, et observant que le chiffre 9 ne vaut plus que 8 à cause de l'emprunt, on dit : de 8 ôter 0, reste 8 que l'on pose sous cette colonne.

Opérant sur les centièmes, on dit : de 0 ôter 4, cela ne se peut ; mais de 10 ôter 4, reste 6 que l'on écrit.

Passant aux dixièmes, on dit : de 1 (par rapport à l'emprunt) ôter 3, ou plutôt de 11 ôter 3, reste 8.

Opérant maintenant sur la colonne des unités, et remarquant que le zéro vaut 9 à cause de l'emprunt qu'on vient de faire sur le chiffre des dizaines, on dit : de 9 ôter 5, reste 4.

Continuant d'opérer de la même manière sur les autres colonnes, on obtient pour reste 3.544 *unités* 96815 *cent millièmes*.

Afin de ne rien laisser à désirer sur la manière dont le nombre supérieur a été décomposé, nous allons exposer l'opération ainsi :

Nombre supérieur :   3 7 11 9, 12 10 8 9 10
Nombre inférieur :   2 7 5, 3 4 0 8 5

Reste :   3.5 4 4, 9 6 8 1 5

D'où il suit que le nombre supérieur surpasse le nombre inférieur de 5 cent millièmes, 1 dix millième, 8 millièmes, 6 centièmes, 9 dixièmes, 4 unités, 4 di-

zaines, 5 centaines et 3 mille ; c'est-à-dire du nombre
3544 unités 96815 cent millièmes.

105. Troisième exemple. — *Soit encore à retrancher*
7,172679 *de* 60 unités.

Après qu'on a ajouté 6 zéros au nombre supérieur
pour qu'il soit égal à l'autre en décimales , on dispose
les deux nombres, et on fait l'opération comme à l'ordinaire.

Mais, pour faire cette opération, il
est à remarquer qu'à partir du premier chiffre à droite, tous les chiffres
du nombre supérieur étant des zéros, excepté le dernier à gauche , il
faut nécessairement avoir recours à
ce dernier chiffre, sur lequel on
prend une unité qui en vaut 10 de
l'ordre suivant, 100 du deuxième ,
1000 du troisième , 10000 du qua-

$$\begin{array}{r} \overset{9\ 99999}{6}0,000000 \\ 7,172679 \\ \hline 52,827321 \end{array}$$

trième , 100000 du cinquième , enfin qui en vaut
1000000 du sixième ordre ; or, comme on n'a besoin
que d'une seule unité de ce dernier ordre , on en
laisse 999999 qu'on reporte sur les six autres zéros , et
l'on garde cette unité que l'on joint au zéro sur lequel
on opère , ce qui donne 10. Maintenant, opérant, on
dit : de 10 ôter 9, reste 1; de 9 ôter 7, reste 2; de 9 ôter
6, reste 3; de 9 ôter 2, reste 7; et ainsi de suite: ce qui
donne 52 *unités* 827321 *millionièmes* pour le *reste
cherché*.

106. Quatrième exemple. — *Supposons enfin qu'il
s'agisse de soustraire* 0,0076 *de* 0,0140629.

Comme le nombre supérieur renferme six chiffres décimaux, et que l'inférieur n'en contient que trois, alors
on peut d'abord ajouter trois zéros à celui-ci pour le
rendre égal à l'autre. Ensuite on dispose les nombres,
et on opère comme dans les exemples précédens.

Opération.

$$0,0140629$$
$$0,0076000$$
$$\overline{0,0064629}$$

L'opération terminée, on obtient pour reste 0 *unité*
0064629 *dix millionièmes.*

RÈGLE GÉNÉRALE.

107. D'où il résulte que *pour effectuer la soustraction, soit
des entiers ou des décimales, on place d'abord le plus petit
nombre sous le plus grand, de manière que les unités de
même ordre ou de même espèce se trouvent dans une même
colonne verticale, et on tire un trait au-dessous; ensuite on
retranche successivement chaque chiffre inférieur de son
correspondant, à partir de la première colonne à droite,
en ayant soin d'écrire les restes partiels les uns à la suite
des autres de droite à gauche.*

*Lorsqu'un chiffre inférieur est plus fort que son corres-
pondant, on augmente par la pensée ce dernier chiffre de
10 unités, et on diminue le chiffre qui est à sa gauche
d'une unité.*

Si immédiatement à la gauche d'un chiffre supérieur

plus petit que le chiffre inférieur correspondant, il se trouve un ou plusieurs zéros, on augmente toujours par la pensée ce chiffre supérieur de 10 unités; mais dans les soustractions suivantes, il faut avoir soin de remplacer les zéros par des 9, et de diminuer d'une unité le chiffre significatif qui est à la gauche de ces zéros.

108. REMARQUE. — Si chacun des chiffres du nombre inférieur était moindre que son correspondant, on pourrait commencer l'opération par la gauche comme par la droite (1); mais, comme le plus souvent, un ou plusieurs des chiffres inférieurs surpassent les chiffres supérieurs correspondans, si on commençait par la gauche, on ne pourrait faire les emprunts dont on aurait besoin, puisqu'ils se font sur le chiffre ou l'un des chiffres à gauche de celui sur lequel on opère. Alors, il devient absolument nécessaire de commencer l'opération par la droite.

PREUVES DE L'ADDITION ET DE LA SOUSTRACTION.

109. On appelle *preuve d'une opération arithmétique* une autre opération que l'on fait pour s'assurer de l'exactitude de la première.

110. PREMIÈRE PREUVE DE L'ADDITION. — Cette preuve se fait en recommençant l'opération par la gauche, et en retranchant successivement chaque

---

(1) Tels sont le premier exemple des nombres entiers, et le premier des nombres décimaux.

somme partielle de celle qu'on avait obtenue dans la première opération ; de sorte que la soustraction de la dernière somme ne doit donner aucun reste, si l'addition a été bien faite.

Ainsi , reprenons pour exemple , l'opération du deuxième exemple des nombres décimaux.

Pour vérifier si le résultat 11.965,80176 est exact , on tire d'abord un trait dessous ; puis on additionne les mêmes nombres en commençant par la première co-lonne à gauche, en disant : 8 et 2 font 10 mille, qui, ôtés de 11 mil-le, donnent pour reste 1 mille que l'on écrit sous la barre, et que l'on joint aux 9 centaines suivan-tes, ce qui fait 19 centaines ; en-suite 7 et 6 font 13 et 4 font 17,

8785,75

2656,2878

408,055

89,5

26,20896

11.965,80176

Preuve: 123 1,22100

qu'on retranche de 19, ce qui donne pour reste 2 centaines , qui , jointes avec 6 dizaines, forment 26 di-zaines; 8 et 5 font 13 et 0 font 13 et 8 font 21 et 2 font 23 , qui , ôtés de 26 , donnent pour reste 3 que l'on joint aux 5 unités, ce qui forme 35 unités; 5 et 6 font 11 et 8 font 19 et 9 font 28 et 6 font 34: 34 de 35, reste 1, qui, suivi du chiffre 8, donne 18 ; 7 et 2 font 9 et 0 font 9 et 5 font 14 et 2 font 16: 16 de 18, reste 2 que l'on joint au zéro, ce qui donne 20; 5 et 8 font 13 et 5 font 18, qui, ôté de 20, donne pour reste 2, qui, avec le chiffre 1, forme 21 ; 7 et 5 font 12 et 8 font 20 : 20 de 21, reste 1, qui, suivi de 7, donne 17; 8 et 9 font 17, qui, retranché de 17, donne pour reste 0 ; et enfin 6 de 6 reste zéro : donc l'opération est exacte.

Nota. — Il est à remarquer que les différens restes partiels qu'on trouve en faisant la *preuve* ne sont autre chose que les diverses retenues qu'on a obtenues en effectuant l'*opération;* et, puisque ces restes sont successivement rejoints aux unités des colonnes d'où ils viennent, il est évident, qu'à la dernière colonne, si l'opération a été bien faite, on doit trouver *zéro* pour reste.

Il résulte de là que s'il n'y avait point de retenue dans l'opération , il n'y aurait point de reste dans la preuve.

111. Autre preuve. — Cette autre preuve est très simple, et en même temps bien concluante ; elle est en usage dans une grande partie des institutions de campagne.

Elle consiste à ajouter de nouveau et de la même manière les nombres qu'on a déjà ajoutés, à l'exception du nombre supérieur qu'on sépare des autres, pour cette raison, en tirant un trait au-dessous. On obtient ainsi un second total, qui, retranché du premier, donne évidemment pour reste le nombre qu'on a négligé : c'est ce qui constitue cette preuve.

Reprenons l'exemple traité ci-dessus.

(65)

Opération,

8785,75

2656,2878

408,055

89,5

26,20896

Premier total :   11.965,80176

Deuxième total :   3.180,05176

Preuve :   8,785,75

Après avoir fait les deux opérations indiquées dans le raisonnement, on a trouvé pour premier total 11,965.80176, et pour second 3,180,05176 ; ensuite, ayant retranché ce dernier total du premier, on a obtenu pour reste le nombre supérieur 8,785,75 : donc l'opération est exacte.

Nota. — On conçoit facilement que les zéros qu'on peut obtenir à droite de la preuve existeraient également à la droite du nombre supérieur, si, avant d'opérer, on eut ajouté des zéros pour rendre les nombres égaux en chiffres. On se rappelle d'ailleurs (note du n° 93) que cette préparation est inutile pour l'addition.

111 *bis*. Preuve de la soustraction. — *Cette preuve se fait en additionnant le plus petit nombre avec le reste; et, il est évident que, si l'opération a été bien faite, on doit reproduire le plus grand nombre, puisque ce reste n'est que l'excès du plus grand nombre sur le plus petit.*

Soit, pour exemple, *proposé de soustraire* 404,67500

De   391,96508

Reste :   009,70992

Preuve :   404,67500

D'abord, après avoir préparé, disposé et effectué l'opération, comme il est dit dans le n° 104, on a trouvé pour reste 9,70992. Ensuite, on a ajouté ce reste avec le plus petit nombre 394,96508, et on a reproduit le plus grand 404,67500 : donc l'opération est exacte.

PROBLÈMES SUR LA SOUSTRACTION.

I. Pékin, capitale de la Chine, et Londres, capitale de l'Angleterre, sont les deux villes les plus peuplées de la terre : la première renferme 1290000 habitans, et la seconde en contient 1165000. On demande de combien Pékin surpasse Londres.

Réponse. — Pour résoudre ce problême, il est évident qu'il faut chercher la différence de la population des deux villes, c'est-à-dire retrancher la population de Londres de celle de Pékin.

Opération.

$$1290000$$
$$1165000$$

Différence :   125000 habitans.

Donc, la population de Pékin surpasse celle de Londres de 125000 habitans.

II. Deux villages paient ensemble une contribution de 3675 fr. : l'un paie à lui seul 1985 fr. 65 c.; combien paie l'autre ?

Réponse. — Il est encore évident que pour obtenir la contribution demandée, on est conduit à soustraire celle connue de celle totale. Donc, l'opération terminée , on obtient 1689 fr. 35 c. pour la contribution cherchée.

Opération.

```
        3675 fr. 00 c.
        1985    65
        ___________________
Reste :  1689    35 c.
```

III. Un maquignon avait acheté un cheval 765 fr.; il l'a revendu quelque temps après 980 fr. : combien a-t-il gagné sur ce cheval?

RÉPONSE. — 215 francs.

IV. On a ôté 27 mètres 55 centimètres d'une pièce d'étoffe qui en contenait 50 m. 15 c. ; combien reste-t-il de mètres dans la pièce?

V. Un propriétaire avait acheté 63 hectares 45 ares de terre; il en a cédé 27 h. 75 c. : combien en a-t-il encore en sa possession?

VI. Un père et son fils ont ensemble 160 ans; le fils a 69 ans : quel est l'âge du père?

VII. La population totale de deux villes est de 168700 âmes; dans l'une il y en a 47865 : combien y en a-t-il dans l'autre ?

VIII. Un rentier laisse en mourant à son héritier 30000 francs, sur lesquels il faut acquitter un legs de 15675 fr.; combien revient-il à l'héritier?

IX. Quel est le nombre qu'il faudrait ajouter à 1572 pour obtenir l'année où nous vivons?

X. On compte 2593 ans depuis la fondation de la

ville de Rome ; combien d'années a-t-elle été fondée avant Jésus-Christ ?

PROBLÊMES RELATIFS A L'ADDITION ET A LA SOUSTRACTION.

I. Un banquier avait en caisse une somme de 59600 francs; mais il a fait divers paiemens : d'une part il a donné 18675 fr.; d'une autre part, 9580 fr.; d'une troisième, 7500 fr.; et d'une quatrième part, 4000 fr. Il désire connaître maintenant l'état de sa caisse?

Réponse. — D'abord, il faut qu'il réunisse en une seule toutes les sommes qu'il a données ou qu'il en fasse l'addition ; ensuite qu'il retranche cette somme totale de celle qu'il y avait dans sa caisse; et le résultat de cette dernière opération exprimera ce qui doit rester dans la caisse.

Tableau des opérations.

18675	
9580	
7500	59600
4000	39755

Total des sommes données : 39755 fr.   Reste : 19845 fr.

Ainsi il reste en caisse 19845 *francs*.

II. Un mercier a vendu à une personne 7 mètres 08 centimètres d'une certaine étoffe; à une autre personne,

11 m. 365 millimètres de la même étoffe; à une troisième personne, 14 m. encore de la même étoffe; et
à une quatrième personne, 17 m. 8 décimètres, toujours de la même étoffe. Ces quatre nombres de mètres
ayant été levés sur une pièce d'étoffe qui en contenait
60 mètres, le mercier demande combien il doit rester
encore de mètres sur la pièce?

Réponse. — Pour résoudre ce problème, il faut,
comme précédemment, réunir d'abord en un seul tous
les nombres de mètres vendus; ensuite soustraire ce
nombre total de celui qui exprimait la longueur de la
pièce d'étoffe ; enfin, le résultat de cette dernière opération sera le nombre de mètres qui doit rester encore
dans la pièce.

Tableau des opérations.

7 m. 08 mil.			
11	365		
14		60	000
17	8	50	245

Tot. des mèt. vendus : 50 m. 245 mil. Reste : 9 m. 755 mil.

Donc, la pièce d'étoffe contient encore 9 *mètres* 755
millimètres.

III. Une servante avait 36 francs 85 pour faire son
marché : elle a dépensé 4 fr. 25 pour des légumes ;
6 fr. 475 pour du beurre et des œufs ; 2 fr. 75 de
fruits ; 12 fr. de volaille; 3 fr. 975 de viande de bou

cherie ; et 0 fr. 7 de gâteaux. Combien lui reste-il encore ?

RÉPONSE. — 6 *francs* 8 *décimes*.

IV. Un artiste a versé à la caisse d'épargnes, dans une même année, et à diverses fois : 530 fr., 700 fr., 345 fr., et 120 fr. ; il en a retiré l'année suivante, aussi à diverses reprises : 140 fr., 285 fr., 300 fr., et 600 fr. Combien l'artiste a-t-il encore à la caisse?

RÉPONSE : 370 *francs*.

V. Un brocanteur avait acheté des bijoux pour 24000 francs ; il les a revendus ensuite en quatre lots différens : le premier lot pour 5745 fr. ; le deuxième pour 7480 fr. ; le troisième pour 8000 fr. ; et le quatrième moyenaant 12785 fr. Combien le brocanteur a-t-il gagné ?

VI. Un riche bourgeois avait légué par son testament : 12000 francs aux pauvres de sa ville; 36000 fr. pour l'établissement et l'entretien d'une maison d'école ; 18000 fr. pour récompenser les bons services de son domestique ; 20000 fr. pour ceux de sa servante ; 165000 fr. pour un de ses petits-neveux; et, quand il mourut, il devait à ses fournisseurs une somme de 45760 fr. 85. On demande ce qu'il doit rester aux héritiers de ce riche bourgeois, sachant que sa fortune total se monte à 1200000 francs ?

VII. Un marchand de chevaux s'est engagé à fournir un certain nombre de chevaux à raison de 675 francs chacun : il en livre d'abord 46, et reçoit à-compte 24000 fr. ; il en livre ensuite 60, et on lui donne 32000 fr. à-compte ; enfin il en livre 87, et ne reçoit

que 50000 fr. On demande combien le maquignon a
fourni de chevaux, quelle somme totale il a reçu à-
compte, et ce qui lui est dû encore.

MULTIPLICATION.

112. La MULTIPLICATION est une opération qui a pour
but, deux nombres étant donnés, d'en composer un
troisième avec le premier appelé *multiplicande*, comme
le second nommé *multiplicateur*, est composé avec l'u-
nité. Donc, si les deux nombres proposés sont entiers,
leur multiplication revient à prendre ou à répéter le
premier autant de fois qu'il y a d'unités dans le second.

Le résultat de cette opération s'appelle *produit*; d'a-
près la définition, il doit toujours être de même nature
que le *multiplicande*.

Le *multiplicande* et le *multiplicateur* portent conjoin-
tement le nom de *facteurs du produit*.

113. Tant que les nombres proposés ne sont que
d'un seul chiffre, on peut effectuer leur multiplication
au moyen d'autant d'additions successives du multiplicande que l'unité est comprise dans le multiplicateur.
Ainsi, pour multiplier 8 par 6, il suffit de dire : 8 et 8
font 16 et 8 font 24 et 8 font 32 et 8 font 40 et 8 font

48 ; comme 48 est le résultat des six nombres égaux au multiplicande 8, donc il exprime le produit de 8 par 6.

On multiplierait de la même manière 9 par 6, 7 par 5, 6 par 8, etc.

Mais on conçoit que cette manière d'opérer serait très longue et ennuyeuse dans le cas où le multiplicateur serait composé de plusieurs chiffres. C'est pour obvier à cet inconvénient, qu'a été inventée la *multiplication*, qui n'est réellement qu'une addition abrégée.

C'est en s'exerçant d'ailleurs sur ces sortes de multiplications, qu'on parvient à se graver dans la mémoire les différens produits de deux chiffres.

Toutefois, afin de mieux exercer encore, nous exposerons ci-contre une table de multiplication, où l'on pourra trouver facilement tous les divers produits de deux chiffres.

TABLE DE MULTIPLICATION.

2 fois 1 font 2			5 fois 1 font 5			8 fois 1 font 8		
2	2	4	5	2	10	8	2	16
2	3	6	5	3	15	8	3	24
2	4	8	5	4	20	8	4	32
2	5	10	5	5	25	8	5	40
2	6	12	5	6	30	8	6	48
2	7	14	5	7	35	8	7	56
2	8	16	5	8	40	8	8	64
2	9	18	5	9	45	8	9	72
3 fois 1 font 3			6 fois 1 font 6			9 fois 1 font 9		
3	2	6	6	2	12	9	2	18
3	3	9	6	3	18	9	3	27
3	4	12	6	4	24	9	4	36
3	5	15	6	5	30	9	5	45
3	6	18	6	6	36	9	6	54
3	7	21	6	7	42	9	7	63
3	8	24	6	8	48	9	8	72
3	9	27	6	9	54	9	9	81
4 fois 1 font 4			7 fois 1 font 7			10 fois 1 font 10		
4	2	8	7	2	14	10	2	20
4	3	12	7	3	21	10	3	30
4	4	16	7	4	28	10	4	40
4	5	20	7	5	35	10	5	50
4	6	24	7	6	42	10	6	60
4	7	28	7	7	49	10	7	70
4	8	32	7	8	56	10	8	80
4	9	36	7	9	63	10	9	90

NOMBRES ENTIERS.

114. PREMIER EXEMPLE. — *Soit d'abord à multiplier un nombre composé de plusieurs chiffres par un nombre d'un seul ; par exemple,* 6.475 *par* 7.

D'abord on pourrait obtenir le produit de ces deux nombres en écrivant les uns au-dessous des autres sept nombres égaux à 6475 (tel qu'on le voit à côté), et en ajoutant les unités simples, les dizaines, les centaines et les mille, on obtiendrait pour résultat. . . . . .

$$
\begin{array}{r}
6475 \\
6475 \\
6475 \\
6475 \\
6475 \\
6475 \\
6475 \\
\hline
45.325
\end{array}
$$

Mais il est évident que cela revient à prendre 7 fois les unités simples, 7 fois les dizaines, 7 fois les centaines, 7 fois les mille du multiplicande, et à réunir les produits partiels.

Ainsi, après avoir placé le multiplicateur 7 au-dessous du multiplicande (comme on le voit ici . . . . et tiré un trait dessous, on dit : 7 fois 5 font 35 (voyez la table de multiplication) ou 3 dizaines et 5 unités ; on pose 5 sous les unités, et l'on retient les 3 dizaines pour les joindre au produit des dizaines du multiplicande par 7.

$$
\begin{array}{r}
6475 \\
7 \\
\hline
45.325
\end{array}
$$

Puis : 7 fois 7 font 49 et 3 de retenue font 52 dizaines, ou 5 centaines et 2 dizaines ; on écrit donc 2 au rang des dizaines, et l'on retient 5 pour les ajouter au produit des centaines de la multiplication suivante.

On dit ensuite : 7 fois 4 font 28 et 5 de retenue font 33; en 33 centaines, il y a 3 mille et 3 centaines ; ainsi, on place 3 sous les centaines, et l'on retient 3 pour les réunir au produit des mille.

Enfin : 7 fois 6 font 42 et 3 de retenue font 45 ; en 45, on pose 5, et, comme il n'y a plus de chiffre à multiplier, on avance 4.

Donc, 45.325 est le produit de 6.475 par 7.

D'où il suit que pour multiplier un nombre de plusieurs chiffres par un nombre d'un seul, on multiplie successivement les unités, dizaines, centaines, etc., du multiplicande par le multiplicateur; et on écrit les différens produits partiels au rang qui leur convient, en observant, par exemple, à chaque multiplication partielle, de retenir les dizaines pour les joindre avec les dizaines, les centaines avec les centaines, et ainsi de suite.

115. DEUXIÈME EXEMPLE. — *Soit proposé ensuite de multiplier un nombre composé de plusieurs chiffres par un nombre composé aussi de plusieurs chiffres, 48.689 par 4.657.*

116. *Nota.* — Avant d'effectuer cette opération, rappelons-nous (n° 56), que l'on rend un nombre 10, 100, 1000, ... fois plus grand, en plaçant sur sa droite *un, deux, trois,* .... zéros. Or, d'après la définition de la multiplication, rendre un nombre 10, 100, 1000, ... fois plus grand, c'est le répéter 10, 100, 1000, ... fois, c'est le multiplier par 10, 100, 1000, ...

D'où l'on conclut : 1° *Que le produit d'un chiffre ex-*

primant des unités simples par un chiffre représentant des dizaines , ne donnera pas d'unités moindres que des dizaines; 2° que le produit d'un chiffre exprimant des dizaines par un chiffre représentant aussi des dizaines , ne contiendra pas d'unités inférieures aux centaines; 3° et en général qu'un chiffre exprimant des unités d'un ordre quelconque multiplié par des dizaines, des centaines, des mille, etc., se composera toujours d'unités plus élevées de un, deux, trois , etc. rangs que les unités exprimées par ce chiffre lui-même.

On commence par disposer les nombres proposés de manière que les unités
de même ordre se correspondent, et on
tire un trait dessous. Cela posé, on observe que multiplier 48689 par 4657,
revient à prendre le multiplicande 7
fois , plus 50 fois, plus 600 fois, plus
4000 fois, et à réunir les différens produits partiels.

$$
\begin{array}{r}
48689 \\
4657 \\
\hline
340823 \\
243445 \\
292134 \\
194756 \\
\hline
226.744.673
\end{array}
$$

D'abord, on obtient facilement (n° 114) le produit de 48689 par 7, qui est 340823.

Ensuite, pour obtenir le produit de 48689 par 50, il suffit d'observer (n° 116) que ce nombre étant multiplié par 5 dizaines, le produit 243445, qui en résulte, doit nécessairement exprimer des dizaines; alors, il faut écrire ce produit au-dessous du premier, de manière que le dernier chiffre à droite corresponde avec le chiffre des dizaines du produit précédent, ou avec le chiffre par lequel on multiplie.

Pareillement, le produit du multiplicande 48689 par 600 ou 6 centaines , qui est 292134, exprime des centaines ; donc on le place sous les deux premiers , de manière que le dernier chiffre à droite se trouve dans la colonne des centaines.

Enfin, le produit de 48689 par 4 mille qui est 194756 mille se place sous les précédens, de manière que les unités de même ordre soient dans la même colonne.

Effectuant maintenant l'addition de ces quatre produits partiels dans l'ordre où ils sont écrits , on trouve pour *produit total* : 226.714.673.

D'où il résulte que *pour multiplier un nombre de plusieurs chiffres par un nombre de plusieurs chiffres , on multiplie d'abord tout le multiplicande par le chiffre des unités du multiplicateur* (d'après le procédé du n° 114)*; on multiplie ensuite et de la même manière tout le multiplicande successivement par le chiffre des dizaines, par celui des centaines , par celui des mille , etc., considérés comme des unités simples , en écrivant les produits partiels les uns au-dessous des autres , de manière que chacun soit avancé d'un rang vers la gauche, par rapport au précédent; enfin, additionnant tous ces produits, on obtient le produit total demandé.*

117. Dans la multiplication des nombres entiers, il peut se présenter encore divers cas particuliers que nous allons exposer successivement.

118. Premier cas. — Il peut arriver qu'il se trouve un ou plusieurs zéros compris parmi les chiffres significatifs , soit du multiplicande , soit du multiplicateur, ou dans les deux facteurs à la fois.

119. 1° Si le multiplicande seul renferme *un ou plu-*

sieurs zéros parmi ses chiffres significatifs , on opère ainsi qu'il suit.

Soit à multiplier. 290 1007
Par. 428

Après avoir disposé les nombres comme à l'ordinaire , on commence par la droite en disant : 8 fois 7 font 56 ; en 56, on pose 6 et l'on retient 5.

23208056
5802014
11604028
—————————
1.244.630.996

Puis, 8 fois 0 donne 0 ; mais, comme on a retenu 5 dizaines dans la multiplication précédente , on écrit donc 5 au rang des dizaines pour les remplacer.

Ensuite, 8 fois 0 donne 0, ce qui indique qu'il n'y a point d'unités de l'ordre des centaines ; il faut donc placer un 0 pour en tenir lieu.

Continuant, 8 fois 1 font 8, que l'on pose au rang des mille.

8 fois 0 donne 0, que l'on écrit pour tenir lieu des dizaines de mille.

8 fois 9 font 72, on pose 2 et l'on retient 7.

Enfin, 8 fois 2 font 16 et 7 de retenue font 23; en 23, on pose 3 et l'on avance 2.

La multiplication par les deux autres chiffres du multiplicateur s'effectuant d'après les mêmes principes, nous nous dispenserons de l'exposer.

Ainsi, l'opération terminée, on obtient 1.244.630.996 pour produit total.

D'où l'on voit que *lorsqu'il se trouve un ou plusieurs zéros parmi les chiffres significatifs du multiplicande, on n'écrit au premier produit que la retenue provenant de la multiplication précédente s'il y a lieu; mais si on n'a point obtenu de retenue précédemment, alors on place un 0 pour conserver au chiffre significatif suivant le rang qu'il doit occuper.* Il en est de même pour le deuxième, le troisième.... zéro, lorsqu'il s'en trouve plusieurs de suite.

120. 2º Si le multiplicateur contient *un* ou *plusieurs* zéros parmi ses chiffres significatifs, on fait l'opération de la manière suivante.

Soit à multiplier. . . .	1847827
Par.	300206

Ces nombres étant disposés comme dessus, on fait d'abord la multiplication par le chiffre 6 du multiplicateur ; ce qui donne pour premier produit partiel 11086962.

$$11086962$$
$$3695654$$
$$5543481$$
$$\overline{554.728.752.362}$$

Ensuite, comme il n'y a point de dizaines au multiplicateur, on passe à la multiplication par le chiffre 2 des centaines; et on obtient 3695654 pour second produit partiel.

Enfin, les deux chiffres suivans du multiplicateur étant encore des zéros, il faut passer à la multiplication du dernier chiffre des centaines de mille ; et l'on trouve pour troisième et dernier produit partiel 5543481.

Réunissant maintenant ces différens produits partiels, on obtient 554.728.752.362 pour *produit total cherché.*

D'où il suit que lorsqu'il se trouve un ou plusieurs zéros compris parmi les chiffres significatifs du multiplicateur, on opère seulement par les chiffres significatifs ; mais on a soin de placer chaque produit partiel sous le précédent, en l'avançant d'autant de rangs plus un vers la gauche qu'il y a de zéros intermédiaires ; ou, en d'autres termes, on écrit le premier chiffre de chaque produit partiel, de manière qu'il corresponde avec celui par lequel on multiplie.

121. 3° Enfin , si le multiplicande et le multiplicateur renferment tous deux des zéros, on opère à la fois comme dans les deux cas précédens .

Soit, pour exemple, *à multiplier.* 3070025
Par 600908

24560200
27630225
18420150

1.844.802.582.700

122. Deuxième cas. — Il peut arriver aussi que l'un des deux facteurs, ou tous les deux, soient terminés par des zéros.

123. 1° Si le multiplicande seul est terminé par des zéros, on abrège l'opération en multipliant comme si ces zéros n'y étaient pas ; mais il faut avoir soin de les placer ensuite à la droite du produit.

Soit à multiplier. 127000
Par 48

Après avoir multiplié 127 par
48, d'après le procédé de la multiplication, ce qui donne pour produit 6096, on écrit trois zéros à la
suite de ce produit, et on obtient
6.096.000 pour *le produit demandé.*

           1016
           508
    6.096.000

En effet ; car en retranchant trois zéros sur la droite
du multiplicande, on rend ce nombre 1000 fois plus petit (n° 56) ; on est donc conduit à multiplier un nombre 1000 fois trop petit, le produit est donc nécessairement 1000 fois trop petit ; donc enfin il faut rendre
ce produit 1000 fois plus grand : ce qui se fait en plaçant trois zéros sur sa droite (n° 56).

124. 2° Si, au contraire, le multiplicateur est terminé
par des zéros, on opère également comme si ces zéros
n'y étaient pas ; et, l'opération terminée, on les écrit
aussi à la droite du produit.

Soit à multiplier. . . . 678046
Par. 36900

Le raisonnement est analogue au cas précédent ; mais,
pour le mieux faire comprendre, nous allons le répé-
ter.

    6102414
    4068276
    2034138
  25.019.897.400

Lorsqu'on a multiplié 678046 par 369 comme à
l'ordinaire, ce qui donne pour produit 250198974, on

ajoute deux zéros à la suite de ce produit, et on obtient 25.019.897.400 pour *produit cherché*.

Parce qu'en effet, en supprimant deux zéros à la droite du multiplicateur, ce nombre est rendu 100 fois plus petit; on multiplie donc par un nombre 100 fois trop petit; nécessairement le produit est lui-même 100 fois trop petit : donc enfin on doit le rendre 100 fois plus grand, c'est-à-dire qu'il faut placer deux zéros sur sa droite.

125. 3° Enfin, si le multiplicande et le multiplicateur sont tous deux terminés par des zéros, on effectue toujours l'opération comme si ces zéros n'y étaient pas; mais, on conçoit, d'après les deux cas précédens, qu'il faut évidemment écrire à la suite du produit autant de zéros qu'il y en avait à la droite des deux facteurs avant la suppression.

Soit, pour exemple, *à multiplier*.	640700
Par.	208000
	51256
	12814
	133.265.600.000

126. Première remarque. — Chaque produit partiel étant indépendant des autres, il est donc indifférent de commencer la multiplication par tel chiffre du multiplicateur que l'on veut, pourvu qu'on ait toujours soin de placer le premier chiffre à droite de chaque résultat partiel, de manière qu'il corresponde avec celui par lequel on multiplie.

(83)

Exemple,

Soit à multiplier. 6429
Par. 358
____
19287
32145
51432
____
2.301.582

Dans cet exemple, on a fait l'opération en commençant par le chiffre des centaines du multiplicateur, mais on a toujours eu soin de placer le premier chiffre à droite de chaque produit partiel, de manière qu'il corresponde avec le chiffre par lequel on multipliait.

127. DEUXIÈME REMARQUE. — Comme la multiplication n'est qu'une addition abrégée, les mêmes principes qui ont déterminé à commencer celle-ci par la droite, ont aussi conduit à effectuer chaque produit partiel en commençant la multiplication par les plus petites unités du multiplicande. On conclut de là qu'il serait aussi possible d'effectuer la multiplication par la gauche du multiplicande, dans le cas seulement (n° 97) où la multiplication de chaque chiffre du multiplicande par les différens chiffres du multiplicateur ne donnerait aucune retenue.

Exemple.

Soit à multiplier.	2403
Par.	122

4806
4806
2403
293.166

Ici , on a commencé l'opération par la gauche du multiplicande; et le produit total qu'on a ainsi obtenu ne diffère évidemment pas du véritable , puisque la multiplication partielle de chaque chiffre du multiplicande par les différens chiffres du multiplicateur ne donne aucune retenue.

128. Avant de terminer la multiplication des nombres entiers, nous exposerons quelques propriétés dont on fait souvent usage.

129. 1° *Soit*, par exemple, *proposé de multiplier le nombre* 8565 *par* 12. Comme 12 est égal à 3 fois 4, je dis que multiplier 8465 par 12 , revient à multiplier d'abord ce nombre par 4, et le résultat obtenu par 3.

Pour se rendre compte de cette proposition sans effectuer de calcul, il suffit d'employer le raisonnement suivant : multiplier 8465 par 12, c'est faire la somme de 12 nombres égaux chacun à 8465. Or ces douze nombres écrits les uns sous les autres forment évidemment trois tranches de 4 nombres égaux à 8465 (comme on peut le voir à côté); ainsi, après avoir multiplié 8465 par 4, il faut prendre le produit qui en résulte 3 fois. Donc, multiplier un nombre 8465 par le produit 12 des deux facteurs 3 et 4, revient à multiplier d'abord 8465 par 4, et le résultat obtenu par 3

Comme 4 est lui-même égal au produit de 2 par 2, on peut encore dire que multiplier 8465 par 12, revient à multiplier ce nombre par 2, le résultat obtenu encore par 2, et enfin le nouveau résultat par 3; c'est-à-dire successivement par chacun des facteurs de 12.

8465
8465
8465
8465

8465
8465
8465
8465

8465
8465
8465
8465

Ce raisonnement pouvant s'appliquer à d'autres nombres quelconques, on conclut que *multiplier un nombre quelconque par un produit effectué de deux ou plusieurs facteurs, revient à multiplier ce nombre successivement par chacun des facteurs.*

130. 2o Dans une multiplication de deux facteurs, *on peut intervertir l'ordre des facteurs sans changer le produit.*

Soit, pour exemple, *à multiplier 12 par 5*; je dis que le produit de 12 par 5 est le même que celui de 5 par 12.

Pour le prouver d'une manière
évidente, décomposons 12 en ses
unités, et écrivons-les sur une
même ligne horizontale ; ensuite   1 1 1 1 1 1 1 1 1 1 1 1
formons 5 de ces lignes. Alors on   1 1 1 1 1 1 1 1 1 1 1 1
voit évidemment que la somme   1 1 1 1 1 1 1 1 1 1 1 1
des unités contenues dans ce ta-   1 1 1 1 1 1 1 1 1 1 1 1
bleau, est égale à autant de fois   1 1 1 1 1 1 1 1 1 1 1 1
les 12 unités d'une ligne horizon-
tale, qu'il y a d'unités dans une
colonne verticale; c'est-à-dire que
cette somme est égale au produit de 12 par 5. Mais il
est évident aussi que cette *somme* est égale à autant de
fois les 5 unités d'une colonne verticale, qu'il y a d'u-
nités dans une colonne horizontale ou dans 12; c'est-à-
dire qu'elle est égale au produit de 5 par 12.

Donc, dans une multiplication de deux facteurs, on
peut prendre le premier pour multiplicande, le second
pour multiplicateur, ou réciproquement : le produit
sera toujours le même.

Ainsi, quand la nature d'une question conduit à
multiplier un nombre plus petit par un nombre plus
grand, par exemple, 27 par 18485, on multipliera de
préférence 18485 par 27; parce qu'on n'aura que *deux
produits partiels* à effectuer, tandis que la première
multiplication *en* donnerait *cinq*.

131. Cette conséquence nous fournit un moyen très
simple, et en même temps bien concluant pour *vérifier
la multiplication;* il suffit d'effectuer la multiplication
dans un ordre inverse à celui de la première opération,
c'est-à-dire de prendre le multiplicande pour multipli-

cateur ou réciproquement. Il est clair que cette nouvelle opération doit donner lieu à des produits partiels très différens de ceux obtenus dans la première ; et, si l'addition de ces nouveaux produits conduit au même *produit total* que celui précédemment trouvé, on peut en conclure que la multiplication avait été primitivement bien faite.

Soit, pour exemple, proposé de multiplier 60108 par 609, et d'en vérifier le *résultat*.

$$Opérations:$$

60108	609
609	60108
540972	4872
	609
360648	3654
36.605.772	36.605.772

Le produit total de 609 par 60108 étant identiquement le même que celui de 60108 par 609, on en conclut que le nombre 36.605.772 est exactement le produit des deux nombres proposés.

NOMBRES DÉCIMAUX.

132. En vertu de l'analogie de l'ordre des décimales avec celui des entiers, la multiplication des nombres décimaux s'effectue de la même manière que celle des nombres entiers; seulement qu'on opère sans faire attention à la virgule, c'est-à-dire en considérant les

nombres comme entiers, et que, l'opération terminée, on sépare sur la droite du produit total autant de chiffres décimaux qu'il y en a dans les deux facteurs.

Il peut arriver, par exemple, que l'un des deux facteurs renferme seul des décimales; alors, on ne sépare au produit qu'autant de décimales qu'il y en a dans ce facteur.

133. PREMIER EXEMPLE. — *Supposons d'abord que le multiplicande contienne seul des décimales, qu'il s'agisse de multiplier..* 318,625

Par. 75

Après avoir effectué l'opération d'après le procédé connu
de la multiplication, on a séparé trois chiffres décimaux
sur la droite du produit, parce
que le multiplicande en renfermait trois.

$$\begin{array}{r} 1743125 \\ 2440375 \\ \hline 26.146,875 \end{array}$$

Pour rendre raison de ce procédé, il suffit d'observer qu'en supprimant la virgule dans le multiplicande,
on rend ce nombre évidemment 1000 fois plus grand,
puisqu'il exprimait des *millièmes*, et qu'il exprime
maintenant des unités simples; le produit est donc lui-
même 1000 fois trop grand; ainsi, pour le ramener à
sa juste valeur, il faut séparer trois chiffres décimaux
sur sa droite.

Le raisonnement serait le même si l'on avait un plus
petit ou un plus grand nombre de chiffres décimaux ;
et ce qui est dit par rapport au multiplicande, a également lieu pour le multiplicateur, puisqu'on a vu

(89)

(n° 130) qu'on peut intervertir l'ordre des facteurs sans altérer le produit.

134. Deuxième exemple. — Supposons ensuite que le multiplicande et le multiplicateur contiennent tous deux des décimales; *soit à multiplier.* 27,478

Par.. 806,75

Dans cet exemple, l'opération effectuée, on a séparé cinq chiffres décimaux sur la droite du produit total 22.167,87650, parce qu'il y avait cinq décimales dans les deux facteurs.

$$\begin{array}{r}137390\\192346\\164868\\219824\\\hline 22.167,87650\end{array}$$

D'abord, d'après le principe précédent, et retranchant la virgule dans le multiplicande, on doit séparer trois chiffres à la droite du produit; ensuite, comme le multiplicateur contenait lui-même deux décimales, et qu'on y a fait abstraction de la virgule, on doit donc séparer deux nouveaux chiffres décimaux au produit, pour que celui-ci soit ramené à sa véritable valeur; donc enfin, il en faut séparer cinq : c'est-à-dire autant qu'en comportent les deux facteurs.

135. Troisième exemple. — *Soit encore à multiplier* 7,0685

Par. 0,026

Ici, comme il y a sept chiffres décimaux en les deux facteurs, et qu'il faut par conséquent en retrancher

$$\begin{array}{r}424110\\141370\\\hline 0,1837810\end{array}$$

4.

sept au produit, lequel ne contient que sept chiffres, on est obligé de placer un 0 à la gauche de ces chiffres pour tenir lieu des entiers qui manquent, et donner ainsi aux chiffres obtenus la valeur qu'ils doivent avoir.

136. Quatrième exemple. — *Soit enfin proposé de multiplier*. . . .   0,00264
    Par..   0,0017

Ce dernier exemple mérite quelque   1848
attention : ayant disposé les nom-   264
bres et fait l'opération comme à l'or- 0,000004488
dinaire, on obtient pour produit 4488; mais, comme le multiplicande et le multiplicateur renferment ensemble *neuf* chiffres décimaux, il en faut par conséquent *neuf* au produit, qui cependant ne contient que *quatre* chiffres. Pour obvier à cet inconvénient, on observe que, le produit devant exprimer des *billionièmes*, ou des unités du *neuvième* ordre décimal, il suffit d'écrire à la gauche de 4488, un nombre suffisant de zéros, pour qu'en plaçant la virgule, le dernier chiffre 8 occupe le *neuvième* rang décimal. Dans cet exemple, il faut en écrire *six*, en comprenant celui qui doit tenir la place des entiers, et l'on obtient 0,000004488 pour le produit demandé.

PROBLÈMES SUR LA MULTIPLICATION.

I. Le mètre d'un certain drap coûte 27 fr.; combien coûteront 36 mètres du même drap?

Opération.

RÉPONSE. — Puisqu'un seul mètre vaut 27 fr., il est clair que 36 mètres vaudront 36 fois 27; donc, en multipliant 27 par 36, le produit résultant sera le prix cherché. (Tel qu'on le voit à côté.)

$$\begin{array}{r} 27 \\ 36 \\ \hline 162 \\ 81 \\ \hline 972 \text{ francs.} \end{array}$$

II. Un marchand de vin en a acheté 12785 hectolitres, à raison de 27 fr. l'hectolitre; on demande le prix des 12785 hectolitres?

Opération.

RÉPONSE. — Le prix de l'hectolitre étant 27 fr., il est évident que pour obtenir celui des 12785 hectolitres, il faut répéter 12785 fois 27, ou multiplier 27 par 12785; et le résultat de cette opération donnera le prix demandé.

$$\begin{array}{r} 12785 \\ 27 \\ \hline 89495 \\ 25570 \\ \hline 345195 \text{ fr.} \end{array}$$

Nota. — Malgré que la nature de ce problême conduit à multiplier 27 par 12785, on a fait de préférence l'opération en multipliant le plus fort nombre par le plus petit , c'est-à-dire 12785 par 27, afin de n'avoir que *deux* produits partiels à effectuer , parce que l'autre opération en eût donné *cinq*. (n° 130.)

III. Le stère d'un certain bois se vend 219 fr. 75 c.; on demande combien se vendront 467 stères du même bois ?

Réponse. — 102623 fr. 25 c.

IV. Un marchand de drap a vendu 272 mètres 345 mil. d'une certaine étoffe, à raison de 7 fr. 25 le mètre ; pour combien en a-t-il vendu?

Réponse. — 1974 fr. 50125, ou 1974 fr. 5.

V. 24 hectolitres 45 de vin ont été vendus moyennant 0 fr. 85 le litre ; on demande le prix des 2445 litres ?

VI. L'are de terre vaut 19 fr. 75; combien vaudront 200 hectares 45 ou 20045 ares de la même terre ?

Nota. — Ici, bien que 20045 est le plus fort nombre, comme il renferme deux zéros intermédiaires, dont on ne tient pas compte pour opérer (n° 120), on doit donc le considérer comme composé de trois chiffres seulement ; de sorte qu'on devra faire l'opération en multipliant 19 fr. 65 par 20045, c'est-à dire tel que le demande la nature du problême.

VII. Une personne âgée de 78 ans, combien a-t-elle de jours (on suppose l'année de 365 jours)?

VIII. Un épicier a fourni 68 kilog. 75 décag. de suere, à raison de 1 fr. 9 le kil.; on demande pour quelle somme il en a fourni ?

IX. 75 hectolitres de blé, moyennant 15 fr. 5 l'hectolitre?

X. Un vaisseau qui parcourt 36 kilomètres en un jour, combien en parcourra-t-il en 48 jours!

XI. La rame de papier contient 20 mains ; la main se compose de 25 feuilles : combien y a-t-il de feuilles dans la rame ?

XII. Un voyageur qui a parcouru dans une année 36 fois la route de Paris à Nemours, demande combien il a parcouru de kilomètres, sachant que la distance entre les deux villes est de 80 kilomètres?

XIII. Le produit des trois nombres 965, 64 et 16 représente la population de la ville de Paris ; quel est le chiffre de cette population ?

XIV. Une barre de fer d'un mètre de longueur pèse 28 kilog. 75 décag. ; combien pèserait-elle si sa longueur était de 17 m. 45?

XV. Pour paver une cour, on a employé 7472 pavés, dont chacun coûtait 0 fr. 275 ; on demande combien a coûté le pavage entier de la cour?

PROBLÊMES COMPOSÉS.

XVI. Un ouvrage se compose de 28 volumes; chaque volume contient 48 feuilles ; chaque feuille renferme 8 pages; dans chaque page il y a 54 lignes, et la ligne est de 55 lettres : on demande combien l'ouvrage renferme de feuilles, de pages, de lignes et de lettres?

XVII. Une personne qui est morte à l'âge de 98 ans, combien a-t-elle de jours, d'heures, de minutes et de secondes (l'année est toujours supposée de 365 jours)?

XVIII. 245 ouvriers gagnant par jour chacun 2 fr.25, ont travaillé pendant 36 jours sans recevoir d'argent : quelle somme totale leur est-il due?

XIX. Un écrivain public a copié un livre composé de 475 pages ; chaque page contient 56 lignes , et chaque ligne renferme 28 lettres ; il est payé à raison de 0 fr. 0125 la ligne : combien doit-il recevoir ?

XX. Un marchand de vin a 18 caves , dont chacune renferme 72 pièces de vin et 45 de liqueurs ; chaque pièce de vin contient 230 litres , et chaque pièce de liqueur n'en contient que 140 : on demande combien le marchand possède de litres de vin , et de litres de liqueurs ? on demande aussi combien il recevrait sur chaque vente, s'il vendait son vin et ses liqueurs chacun séparément : le vin, à raison de 0 fr. 00 le litre , et les liqueurs sur le pied de 1 fr. 25?

PROBLÈMES RELATIFS A L'ADDITION , A LA SOUS-TRACTION, ET A LA MULTIPLICATION RÉUNIES.

I. Un chef d'atelier emploie : 1° 135 ouvriers qu'il paie chacun à raison de 7 fr. 75 par jour; 2° 320, à chacun desquels il donne 4 fr. 8; 3° 465, qui reçoivent 3 fr.; 4° enfin 890 qui ne sont payés que 1 f. 75. On demande combien ce fabricant occupe d'ouvriers, quelle somme il leur donne par jour en totalité , et quelle est la classe qui lui coûte le plus ?

Réponse. — Pour résoudre ce problème suivant son énoncé, il est clair qu'il faut d'abord faire l'addition des quatre classes d'ouvriers, multiplier ensuite les ouvriers de chaque classe par leur prix commun, et enfin faire la soustraction des deux classes qui gagnent le plus.

II. Un négociant a acheté : 1° 248 mètres de drap à raison de 30 fr. le mètre; 2° 1675 mètres de toile à 5 fr. 75 ; 3° 1200 mètres de mousseline à 1 fr. 35; 4° et 850 mètres de calicot à 0 fr. 65. Il a revendu son drap à 32 fr. 25 le mètre, la toile à 6 fr. 0 5, la mousseline à 2 fr., et le calicot à 0 fr. 95 : on demande combien le négociant a acheté de mètres d'étoffes , combien lui a coûté chaque espèce , et quel a été son bénéfice total.

III. Un horloger qui a acheté 228 montres en or, à 210 fr. la pièce, et 427 montres en argent, à 24 fr. 75, demande combien il a acheté de montres, combien il a déboursé séparément pour celles en or et celles en argent, combien le tout lui a coûté , quel est l'excès du nombre des montres en argent sur celui des montres en or, et quelle est la différence du prix de celles-ci sur celui de celles-là ?

IV. Un maître a donné à sa ménagère pour faire le marché : 8 pièces de 5 fr., 4 pièces de 2 fr., 3 pièces de 1 fr. 50, 7 pièces de 0 fr. 75, 9 pièces de 0 fr. 50, 12 pièces de 0 fr. 10, et 24 pièces de 0 fr. 075; ses achats terminés, il ne lui reste plus que 3 pièces de 2 fr., 5 pièces de 1 f. 50, 3 pièces de 0 fr. 75, 2 pièces de 0 fr. 50, 7 pièces de 0 fr. 10, et 9 pièces de 0 fr. 075 : combien a-t-elle dépensé ?

DE LA DIVISION.

137. La DIVISION est une opération qui a pour but de partager un nombre donné nommé *dividende*, en autant de parties égales qu'il y a d'unités dans un autre nombre aussi donné, appelé *diviseur*; ou, plus généralement, c'est une opération qui a pour objet, étant donné, un produit (n° 112) et l'un de ses facteurs, de déterminer l'autre.

Le résultat de cette opération porte le nom de *quotient*.

138. De la définition même de la *division*, on conclut : 1° que le *quotient* doit exprimer des unités de même nature que celles du *dividende* ; 2° que pour faire la preuve de la division, quand on aura obtenu le quotient, il suffira de multiplier le diviseur par ce quotient, ou réciproquement (n° 130) ; et, si l'opération est exacte, on devra reproduire le *dividende*.

139. Cette dernière conséquence nous fournit un nouveau moyen de vérifier la multiplication ; parce qu'en effet, dans la multiplication, on peut considérer le produit comme un *dividende*, le multiplicande ou le multiplicateur comme le *diviseur* ou le *quotient*; ainsi, l'on fera aussi la *preuve* de la multiplication en divisant le produit par l'un des deux facteurs ; et, si l'opération est exacte, on devra reproduire l'autre facteur.

140. De même que la multiplication peut s'effectuer par l'*addition* de plusieurs nombres égaux entre

eux , de même aussi on pourrait trouver le quotient d'une division par une suite de *soustractions*.

Opération

$$48$$
$$6$$

Ainsi, supposons qu'il s'agisse de diviser 48 par 6.

42 1er reste.
6

On conçoit qu'autant de fois on pourra soustraire 6 de 48, autant de fois 6 sera contenu dans 48 ; et que le nombre de soustractions qu'on pourra faire, avant que le dividende soit épuisé, exprimera le quotient cherché.

36 2e reste.
6

30 3e reste.
6

24 4e reste.
6

Comme dans cet exemple on est obligé de faire 8 soustractions successives , il s'ensuit que le *quotient* est 8.

18 5e reste.
6

12 6e reste.
6

6 7e reste.
6

0 8e reste.

Mais on comprend facilement combien cette manière de faire la division serait longue et ennuyeuse, surtout lorsque le dividende serait très grand par rapport au diviseur. C'est pour obvier à cet inconvénient qu'a été inventée la *division* , qui peut être regardée, pour cette raison, comme l'abrégé d'une série de soustractions.

5

141. Toutes les fois que le dividende et le diviseur seront tels que le quotient ne devra être que d'un seul chiffre, alors la table de multiplication pourra servir aisément à déterminer ce quotient.

Ainsi, par exemple, 36 divisé par 6 donne pour quotient 6 ; ou bien, en 36 combien de fois 6 ? il y est 6 fois ; parce que 6 fois 6 font 36. De même, en 45 combien de fois 9 ? il y est 5 fois; parce que 5 fois 9 font 45. Dans ces deux exemples, on pourrait encore dire: le sixième de 36 est 6, parce que 6 multiplié par 6 donne 36 ; le neuvième de 45 est 5, parce que le produit de 5 par 9 est 45.

142. Mais, il peut arriver que le diviseur ne soit pas contenu exactement dans le dividende ; *soit proposé*, par exemple, *de diviser* 68 *par* 9. Comme le produit de 9 par 7 est 63, et celui de 9 par 8 est 72, il s'ensuit que 68 divisé par 9 donne au quotient 7 pour 63, avec un reste 5; ou bien, le neuvième de 68 est 7 pour 63, et il reste 5.

Pareillement, en 60 combien de fois 8 ? ou le huitième de 60 est 7 pour 56, et il reste 4; puisque 7 fois 8 font 56, et que 8 fois 8 font 64.

NOMBRES ENTIERS.

142. Premier exemple. — *Supposons d'abord qu'il s'agisse de diviser un nombre composé de plusieurs chiffres par un nombre d'un seul* ; *par exemple,* 454.312 *par* 8.

On commence par écrire le diviseur à la droite du

(99)

dividende en les séparant par un trait vertical; ensuite
on tire sous le diviseur un trait horizontal, sous lequel se doit placer le quotient.

L'opération ainsi disposée, la
première difficulté qui se pré- *Dividende   Diviseur.*
sente est de connaître la nature   454312 | 8
des plus hautes unités du quo-   54   ‾‾‾‾‾‾‾
tient, et d'en déterminer le   63 | 56789
nombre. Pour lever cette diffi-   71   *Quotient.*
culté, on observe d'abord que si   72
le premier chiffre à gauche du   *Reste* 0
dividende était plus fort que le
diviseur ou lui était égal, le

quotient total exprimerait des centaines de mille, et
cela est évident; mais, comme il n'en est pas ainsi dans
cet exemple, que le premier chiffre 4 est plus faible
que 8, on conclut que les plus fortes unités du quotient ne peuvent être que de la nature du second chiffre du
dividende, c'est-à-dire des dizaines de mille. Alors on pro
céde à l'opération en prenant les deux premiers chiffres à gauche du dividende formant le *premier dividende partiel,* 45 *dizaines de mille,* et l'on dit : en 45
combien de fois 8 ? il y est 5 fois ; ainsi le quotient total renferme 5 *dizaines de mille.* On écrit ce chiffre
sous le diviseur ; on les multiplie ensuite l'un par
l'autre, et l'on en retranche le produit 40 du premier
dividende partiel 45 ; ce qui donne pour reste 5 *dizaines de mille.*

A la droite du reste 5, on abaisse le chiffre suivant
4 *des mille* du dividende, ce qui forme 54 mille, et le
second dividende partiel ; ainsi, on dit : en 54 com-

bien de fois 8? il y est 6 fois ; alors on place ce chiffre, qui doit exprimer les mille du quotient, à la droite du premier chiffre 5 ; ensuite on multiplie le diviseur 8 par 6, et l'on en retranche le produit 48 du deuxième dividende partiel 54 ; ce qui donne le reste 6 *mille*.

On abaisse à côté du nouveau reste 6, le chiffre suivant 3 des centaines du dividende, ce qui forme 63 *centaines*, et le *troisième dividende partiel*; ainsi, on dit : en 63 combien de fois 8 ? il y est 7 fois ; on écrit ce chiffre à la droite des deux précédens pour exprimer les centaines du quotient ; ensuite on multiplie 8 par 7, et l'on retranche le produit 56 du troisième dividende partiel 63 ; ce qui donne pour reste 7 *centaines*.

À côté du reste 7, on abaisse le chiffre suivant 1 des dizaines du dividende, ce qui forme 71 dizaines, et le *quatrième dividende partiel;* ainsi, on dit : en 71 combien de fois 8 ? il y est 8 fois ; alors on place 8 à la droite des trois précédens, comme devant exprimer les dizaines du quotient ; on multiplie ensuite le diviseur par ce chiffre, et l'on retranche le produit 64 du quatrième dividende partiel 71 ; ce qui donne pour reste 7 *dizaines*.

Enfin, on abaisse à côté du chiffre 7, le dernier chiffre 2 du dividende, ce qui forme 72 *unités simples*, ou le *dernier dividende partiel*, et l'on dit : en 72 combien de fois 8 ? il y est 9 fois juste ; on écrit ce chiffre à la droite des précédens, pour exprimer les unités du quotient ; ensuite on multiplie 8 par 9, et l'on retranche le produit 72 du dernier dividende partiel 72 ; et on obtient pour reste 0 : donc 56.789 est le quotient demandé.

En effet, car il résulte évidemment de toutes les opérations précédentes, qu'on a successivement retranché du dividende 454312 : 1º 8 fois 5 dizaines de mille , 2º 8 fois 6 mille, 3º 8 fois 7 centaines , 4º 8 fois 8 dizaines, 5º et 8 fois 5 unités; et, comme après toutes ces opérations, il ne reste rien, on conclut que 454312 est égal au produit de 8 par 56789 , ou mieux de 56789 par 8 , et que le nombre 56.789 est le *quotient cherché.*

Preuve.

56789

8

____

451.312

143. Dans la pratique, lorsque le diviseur n'est que d'un seul chiffre, on abrége l'opération de la manière suivante :

Reprenons, pour exemple, *les nombres ci-dessus.*

Après avoir disposé le diviseur à la droite du dividende , comme précédemment, on souligne celui-ci pour placer le quotient dessous ; ensuite on opère en disant: le 8e de 45 est 5 que l'on écrit au-dessous de 45 , et il reste 5 que l'on réunit par la pensée en dizaines de l'ordre du chiffre suivant 4 , ce qui forme 54 ; puis le huitième de 54 est 6 , que

454312 | 8
Quotient 56789—
8
____
Preuve 454312

l'on place à la droite du 5, et il reste 6, qui, joint au chiffre suivant 3, donne 63; on continue de même : le 8ᵉ de 63 est 7, que l'on écrit à la droite des deux précédens, et il reste 7. que l'on réunit au chiffre suivant 4, ce qui forme 74; le 8ᵉ de 74 est 8 que l'on place à la droite des trois autres, et il reste 7, qui, réuni au dernier chiffre 2, donne 72; enfin, le 8ᵉ de 72 est 9 tout juste que l'on écrit à la droite des quatre chiffres précédens : donc le *quotient cherché* est 56.789, le même que dans l'exemple précédent.

144. *Soit encore à diviser de la même manière* 49.483.095 *par* 7.

Après avoir écrit les deux nombres comme dessus, on procède en disant : le 7ᵉ de 49 est 7 tout juste que l'on écrit; puis, le 7ᵉ du chiffre suivant 4 n'est pas; cela indique que le quotient ne renferme point d'unité de cet ordre : alors on met un 0 pour en tenir lieu, et l'on joint le chiffre restant 4 au chiffre suivant 8, ce qui forme 48; ensuite on dit : le 7ᵉ de 48 est 6 pour 42, il reste donc 6, qui, suivi du chiffre 3, donne 63; on continue : le 7ᵉ de 63 est encore 9 tout juste que l'on écrit à la droite des autres; puis, le 7ᵉ de 0 n'est rien, alors on place un 0 pour remplacer cet ordre au quotient : le 7ᵉ de 9 est 1 pour 7, et il reste 2 que l'on réunit au dernier chiffre 5, ce qui donne 25; enfin, le

$$\begin{array}{r|l} 49483095 & 7 \\ \hline Quotient \quad 7069013\dots4 & \\ \hline \qquad\qquad 7 & \\ \hline Preuve \quad 49483095 & \end{array}$$

7ᵉ de 25 est 3 pour 24 ; on écrit ce chiffre à la droite de tous les autres, et il reste 4 que l'on doit ajouter en faisant la preuve.

Ainsi, le quotient de la division des deux nombres proposés est 7069043, plus le reste 4 ; puisqu'en multipliant ce nombre par le diviseur, on retrouve le dividende 49483095.

145. *Soit enfin à prendre le 6ᵉ de 60.009.008.*

On dit d'abord : le 6ᵉ de 6 est 1 tout juste ; ensuite le 6ᵉ de 0 est 0 ; le 6ᵉ de 0 est 0 ; le 6ᵉ de 0 est 0 ; le 6ᵉ de 9 est 1 pour 6, et il reste 3, qui, joint au zéro suivant, donne 30 ; le 6ᵉ de 30 est 5 tout juste ; le 6ᵉ de 0 est 0 ; enfin, le 6ᵉ de 8 est 1 pour 6, et il reste 2 : donc le quotient est 10001504, plus le reste 2.

$$\begin{array}{r|l}60009008 & 6 \\ \hline \textit{Quotient } 10001504\ldots 2 & \\ 6 & \\ \hline \textit{Preuve } 60009008 & \end{array}$$

Nous donnons cet exemple pour pratique seulement.

146. *Supposons maintenant que le dividende et le diviseur soient tous deux composés de plusieurs chiffres.*

Soit à diviser 265.356 par 468.

Ayant disposé les nombres comme dans le premier exemple, on procède à l'opération, en disant: si les trois premiers chiffres à gauche du dividende contenaient le diviseur, il est d'abord évident que le quotient cherché exprimerait des *unités de mille*; mais, comme il n'en est pas ainsi dans cet exemple ; qu'il faut prendre quatre chiffres pour contenir le diviseur, ou pour former le *premier dividende*

Dividende	Diviseur
2653-56	468
2340	567
313-56	*Quotient*
2808	
3276	
3276	
Reste : 0000	

partiel, le quotient ne doit renfermer que des unités de l'ordre du *troisième* chiffre, c'est-à-dire des *centaines* : il en contient au moins une, puisque le produit du diviseur 468 par 100 ou 46800, est évidemment plus petit que le dividende 265356 ; donc on peut déjà conclure que le quotient total doit se composer de *centaines*, *dizaines* et *unités simples*.

Réciproquement, on trouvera dans quelle partie du dividende doit se trouver exactement le chiffre des plus hautes unités du quotient, en observant que ce chiffre devant exprimer des centaines, le produit du diviseur par ce chiffre ne peut donner moins que des centaines (n° 116); donc ce produit se trouve nécessairement dans les 2653 centaines du dividende, que l'on peut séparer, pour cette raison, par un petit trait horizontal (—). Ainsi, en cherchant *combien de fois* 2653 contient 68, on obtiendra le chiffre des centaines du quotient.

On pourrait obtenir aussi le premier chiffre du quotient en soustrayant successivement, et autant de fois que possible, 468 de 2653. Mais, on simplifiera de beaucoup cette recherche, en ne considérant que les deux premiers chiffres 26 à gauche du dividende 2653, et le premier chiffre 4 aussi à gauche du diviseur 468 ; parce que 26 est, à *quelques unités près provenant des retenues*, le résultat de la multiplication du chiffre 4 par le chiffre cherché. Alors, en divisant 26 par 4, on trouve pour quotient 6; mais 6 est un chiffre trop fort: car dans la multiplication du diviseur 468 par ce chiffre, le produit seulement de 6 par 6 qui est 36 dizaines, donne 3 *centaines* à reporter sur le produit de 4 par 6 ou 24. Or, en essayant 5, et multipliant 468 par ce chiffre, on obtient 2340, nombre qui est évidemment moindre que le premier dividende partiel 2653, et qu'on écrit au-dessous de ce dernier nombre ; donc 5 est le véritable chiffre des centaines du quotient.

Soustrayant maintenant 2340 de 2653, on trouve pour reste 313 , à côté duquel on abaisse les deux chiffres suivans du dividende; ce qui donne 31356.

Pour obtenir ensuite les *dizaines* du quotient, on raisonnera comme précédemment : le produit du diviseur 468 par des dizaines ne pouvant donner moins que des dizaines, se trouve nécessairement dans les 3135 dizaines du nouveau dividende 31353, que l'on sépare, par conséquent, par un trait. Ainsi, en cherchant *le plus grand nombre de fois* que 468 est contenu dans 3135, on obtiendra le chiffre des dizaines du quotient.

Donc, en 3135 combien de fois 468, ou plutôt, d'après l'observation précédente, en 31 combien de fois 4 ? il y est 7 fois ; mais, dans la multiplication du diviseur 465 par 7, le produit du deuxième chiffre 6 par 7 qui est 42, donne 4 *dizaines* à reporter sur le produit de 4 par 7 ou 28 : ainsi donc le chiffre 7 est *trop fort.* Alors, on essaie 6, et multipliant le diviseur par ce chiffre, on trouve pour produit 2808, nombre qui est évidemment plus petit que 3435, et qu'on place sous ce dernier nombre ; ainsi, 6 est le chiffre des dizaines du quotient, et on le place à la droite du chiffre 5 déjà trouvé.

Retranchant 2808 de 3435, et abaissant à côté du reste 327 le dernier chiffre 6 du dividende, on obtient *le troisième et dernier dividende partiel* 3276.

Enfin, cherchant *combien de fois* 3276 contient 468, ou plutôt combien de fois 32 contient 4, on trouve 8; mais 8 est trop fort, comme on peut le voir. On essaiera donc 7 : et, multipliant le diviseur par ce chiffre, on obtient pour produit 3276, que l'on écrit sous le dernier dividende 3276, et duquel on le soustrait ; ce qui donne pour reste 0 ; ainsi 7 est le chiffre des unités du quotient. Donc, le quotient cherché est 567; ce qu'on peut vérifier en le multipliant par le diviseur, ou réciproquement.

Nota. —On peut observer que, lorsqu'on a obtenu le premier chiffre du quotient, et par suite le premier reste, au lieu d'abaisser à côté de ce reste tous les chiffres restans du dividende, il suffit d'en abaisser *un* à côté de chaque reste, jusqu'à ce qu'on *les* ait abaissés tous.

Preuve.

$$
\begin{array}{r}
468 \\
567 \\
\hline
3276 \\
2808 \\
2340 \\
\hline
265356
\end{array}
$$

RÈGLE GÉNÉRALE.

147. Il résulte de tout ce qui précède, que, *pour diviser deux nombres entiers l'un par l'autre, on écrit le diviseur à la droite du dividende en les séparant par un trait vertical, et on tire un trait horizontal sous le diviseur.*

L'opération ainsi disposée, on prend à la gauche du dividende autant de chiffres qu'il en faut pour contenir le diviseur; l'ensemble des chiffres ainsi séparés forme LE PREMIER DIVIDENDE PARTIEL, *dont le premier chiffre à droite exprime des unités de la nature des plus hautes unités du quotient. On cherche combien de fois le premier ou les deux premiers chiffres à gauche de ce dividende partiel contiennent le premier chiffre à gauche du diviseur; le quotient ainsi obtenu, on l'écrit sous le diviseur; on multiplie le diviseur par ce chiffre, et on en retranche le produit du premier dividende partiel.*

Ensuite on abaisse à côté du reste le chiffre suivant du dividende; ce qui donne UN SECOND DIVIDENDE PARTIEL. *On cherche, comme précédemment, combien de fois ce second dividende partiel contient le diviseur; on obtient ainsi un second quotient, que l'on place à côté du premier; on multiplie le diviseur par ce chiffre, et on en soustrait le produit du second dividende partiel.*

On continue, d'ailleurs, cette série d'opérations jusqu'à ce qu'on ait abaissé tous les chiffres du dividende,

*en observant , à chaque opération , d'écrire le quotient
qu'on obtient à la droite des précédens, afin de donner
à ceux-ci leur véritable valeur.* Et, si après toutes ces
opérations il ne reste *rien,* la division est dite *exacte;*
mais si on obtient un *reste,* on l'ajoute, dans la preuve,
au produit du diviseur par le quotient *trouvé.*

148. Lorsqu'on est bien exercé dans le procédé de
la division, on peut abréger considérablement les diverses opérations partielles en effectuant les multiplications et les soustractions tout-à-la-fois.

Soit, pour exemple, à *diviser* 891613 *par* 369.

Ayant disposé l'opération
comme dessus, on prend les
trois premiers chiffres à
gauche du dividende, puisque leur ensemble contient
le diviseur, et on dit : en 891
combien de fois 369, ou en 8
combien de fois 3 ? il y est 2
fois ; et ce chiffre n'est ni
trop faible ni trop fort ,
comme il est facile de le voir : donc , 2 étant le véritable chiffre des mille du quotient, on le place sous le
diviseur.

$$
\begin{array}{r|l}
891643 & 369 \\ \hline
1536 & 2446 \text{ plus } \frac{139}{369} \\
\overline{604} & \\
\overline{2353} & \\
\overline{Reste\ 139} &
\end{array}
$$

Cela posé, au lieu de multiplier 369 par 2 , et d'é-
crire le produit sous 891 pour l'en retrancher, on
opère ainsi qu'il suit : 2 fois 9 font 18; puis, on vient
au dernier chiffre 1 à droite de 891, et on dit : 18 de 1,
cela ne se peut; alors on suppose le chiffre 1 augmenté
de 2 dizaines , ce qui donne 21 ; ainsi : 18 de 21, il

reste 3 que l'on écrit sous le chiffre 1, après avoir sou-ligné le premier dividende 891. On observe mainte-nant que les dizaines ajoutées sont censées avoir été prises sur le chiffre 9 d'à côté, qui ne vaut plus, pour cette raison, que 7. Mais, au lieu de diminuer le chif-fre 9 de deux unités, il revient évidemment au même , et c'est plus facile, de les retenir pour les joindre dans la multiplication suivante.

On dit donc ensuite : 2 fois 6 font 12 et 2 de retenue font 14; 14 de 9. cela ne se peut ; mais empruntant , comme précédemment , 1 sur le chiffre 8 , on obtient 19; alors on dit : 14 de 19 , il reste 5 que l'on place sous le chiffre 9, et on retient 1.

Enfin, 2 fois 3 font 6 et 1 de retenue font 7; ainsi, 7 de 8, il reste 1 que l'on écrit sous le 8.

Le reste est donc 153 , à côté duquel on abaisse le chiffre suivant 6 du dividende, ce qui donne le *second dividende partiel* 1536 , sur lequel on opère de la même manière.

Ainsi, en 1536 combien de fois 369 , ou en 15 com-bien de fois 3 ? il y est 5 fois; mais 5 est trop fort , comme il est aisé de le reconnaître; on essaie donc 4 , et on voit que ce chiffre n'est pas trop fort , et que par conséquent il est le véritable chiffre des *centaines* du quotient. Alors on dit : 4 fois 9 font 36 ; 36 de 6, cela ne se peut ; mais 36 de 36, il reste 0 qu'on écrit au-dessous du 6, et l'on retient 3.

Ensuite, 4 fois 6 font 24 et 3 de retenue font 27; 27 de 3, cela ne se peut ; mais 27 de 33 , il reste 6 qu'on place sous le 3, et l'on retient 3.

Enfin, 4 fois 3 font 12 et 3 de retenue font 15 ; 15 de

15, il ne reste rien; et, comme c'est le dernier chiffre à gauche, on peut se dispenser d'écrire un 0 sous ce chiffre.

Le reste de cette nouvelle opération est donc 60, à côté duquel il faut abaisser le chiffre suivant du dividende; ce qui donne 604 pour *troisième dividende partiel*, sur lequel on opère de la même manière, ainsi que sur le suivant ; et finalement on obtient pour quotient 2416, avec le reste 139 que l'on doit ajouter dans la preuve.

149. *Nota.* — Toutes les fois que, comme dans cet exemple , la division ne s'effectue pas exactement , c'est-à-dire qu'on obtient *un reste* , on écrit ce reste à la suite du quotient, et on place le diviseur au-dessous en les séparant par un *trait* (tel qu'on l'a vu précédemment); et cela indique , *en Mathématiques* , qu'il y a encore à effectuer la division de ces deux nombres l'un par l'autre. Nous donnerons un peu plus loin le moyen d'effectuer cette sorte de division.

150. De même que la multiplication présente plusieurs cas particuliers , de même aussi la division offre quelques *remarques à considérer.*

151. PREMIÈRE REMARQUE.—*Soit à diviser* 21.617.869 *par* 3579.

Dans cet exemple, après avoir trouvé le premier chiffre 6 du quotient et pour reste 143, on abaisse à côté de ce reste le chiffre suivant 8, et on obtient 1438 pour *second dividende partiel.* Or, comme ce nou-

$$\begin{array}{r|l} 21617869 & 3579 \\ \hline 14386 & 6040 \\ \hline \text{Reste } 709 & \end{array}$$

veau dividende ne contient pas le diviseur, le quotient ne renferme donc point d'unités de l'ordre du chiffre abaissé ou de *centaines;* ainsi, il faut placer un 0 au quotient pour en tenir lieu, et pour donner ainsi au chiffre 6 déjà obtenu la valeur qu'il doit avoir. Ensuite on abaisse le chiffre suivant 6; et, continuant l'opération, on trouve 4 pour les *dizaines* du quotient, et pour reste 70. Abaissant enfin le dernier chiffre 9 du dividende à côté de 70, ce qui donne 709, on reconnaît encore que ce nombre ne contient pas le diviseur, et que, par conséquent, le quotient ne renferme point d'*unités simples;* ainsi, on doit donc écrire encore un 0 à la droite du chiffre 4 pour remplacer les unités; et, comme il n'y a plus de chiffres à abaisser, l'opération est terminée.

Donc le quotient cherché est 6.040, plus le reste 709.

D'où l'on voit que, lorsqu'ayant abaissé à côté d'un reste quelconque le chiffre suivant du dividende, on obtient un *dividende partiel* plus petit que le diviseur, cela indique que le quotient ne renferme point d'unités de l'ordre du chiffre abaissé; alors on place au quotient un 0 pour en tenir lieu, et pour donner ainsi aux chiffres significatifs déjà trouvés leur valeur relative. Ensuite on abaisse à côté de ce dividende partiel le chiffre suivant du dividende, et on continue l'opération s'il y a lieu.

152 **Deuxieme remarque.** — Il peut arriver aussi, qu'après avoir abaissé *deux* ou *plusieurs* chiffres à côté d'un reste, on obtienne *un dividende partiel* qui soit encore moindre que le diviseur; alors, dans ce cas, il faut écrire à la droite du chiffre ou des chiffres déjà trouvés

au quotient, autant de zéros qu'on a abaissé de chiffres.

Soit, pour exemple, à diviser 87.664.039 *par* 1.753.

Ici, après avoir trouvé le premier chiffre 5 du quotient, comme on n'obtient pour reste que 1, et qu'abaissant à côté de ce reste successivement trois chiffres du dividende, on forme un dividende partiel 1403 qui ne contient encore pas le diviseur, il faut donc déjà écrire trois zéros au quotient pour remplacer les trois ordres d'unités qui manquent, et afin de donner ainsi au chiffre obtenu sa valeur relative. Abaissant enfin le dernier chiffre 9 du dividende, on trouve 8 pour le chiffre des unités du quotient, qu'on place à la droite des autres. Ce qui donne pour quotient total 50008, plus le reste 15.

$$\begin{array}{c|c} 87664039 & 1753 \\ \hline 14039 & 50008 \\ Reste \quad 15 \end{array}$$

D'où il suit que, etc.

153. TROISIÈME REMARQUE. — *Soit, pour dernier exemple, proposé de diviser* 45.431.200.000 *par* 56.789.

Dans ce dernier exemple, lorsqu'on a déterminé le premier chiffre du quotient qui est 8, comme on obtient 0 pour reste, et que les autres chiffres du dividende sont tous des zéros,

$$\begin{array}{c|c} 45431200000 & 56789 \\ \hline 0000000000 & 800000 \end{array}$$

on doit donc écrire au quotient, à la droite du chiffre déjà obtenu, autant de zéros qu'il y en a à descendre, c'est-à-dire *cinq*; ce qui donne pour quotient exact 800000.

D'après le procédé de ce dernier exemple, on conçoit que, au lieu du premier chiffre du quotient, il pourrait bien arriver que ce fût le deuxième, troisième, etc., qui se trouvât exactement déterminé, c'est-à-dire sans reste, et qu'ensuite il n'y eût plus que des zéros à abaisser; de sorte qu'on peut conclure que le nombre de zéros à écrire à la droite du chiffre trouvé *sans reste* doit toujours être égal au nombre de zéros *restés à descendre*.

CONSÉQUENCES.

154. I. En réfléchissant maintenant sur les divers procédés qu'on a suivis pour effectuer la division, on peut conclure, en général, que, lorsqu'un chiffre quelconque du quotient est exactement déterminé, on ne doit pas, dans l'opération suivante, trouver plus de 9 au quotient; puisque, si l'on obtenait seulement 10, le chiffre précédent serait évidemment trop faible d'une unité. Au reste, pour reconnaître qu'un chiffre du quotient est *bien déterminé*, il suffit de s'assurer si, en retranchant le produit du diviseur par ce chiffre, on obtient un reste moindre que le diviseur. Si ce reste est égal ou supérieur au diviseur, il faut augmenter d'une unité le chiffre trouvé d'abord.

155. II. De la marche adoptée pour effectuer la division, il suit que le quotient doit toujours se composer

d'autant de chiffres, *plus un*, qu'il y en a de reste à la droite du premier dividende partiel; donc, à la vue du dividende et du diviseur, il est toujours facile de reconnaître combien il y aura de chiffres au quotient.

156. III. Il résulte de la définition même de la division, que, si l'on rend le dividende un certain nombre de fois plus grand ou plus petit, c'est-à-dire si on le multiplie ou divise par un certain nombre, sans rien changer au diviseur, celui-ci y sera nécessairement contenu ce même nombre de fois plus ou moins : donc le quotient qui exprime le nombre de fois que le dividende contient le diviseur, sera évidemment le même nombre de fois plus grand ou plus petit.

Si, au contraire, le dividende n'étant pas changé, le diviseur devient un certain nombre de fois plus grand ou plus petit, c'est-à-dire si on le multiplie ou divise par un certain nombre, il sera évidemment contenu ce même nombre de fois plus ou moins dans le dividende: donc, *à priori*, le quotient sera le même nombre de fois plus grand ou plus petit.

D'où l'on conclut que si on rend en même temps le dividende et le diviseur un certain nombre de fois plus grand ou plus petit, le quotient ne variera pas.

Donc, dans une division, on peut multiplier ou diviser le dividende et le diviseur par un même nombre, sans altérer le quotient.

Donc enfin, si le dividende et le diviseur sont terminés par des zéros, on peut abréger l'opération en supprimant sur la droite de chacun d'eux autant de zéros qu'il y en a dans celui qui en renferme le moins.

NOMBRES DÉCIMAUX.

157. La division des nombres décimaux n'offre pas plus de difficulté que celle des nombres entiers ; sinon qu'avant l'opération, il faut rendre les décimales égales de part et d'autre, c'est-à-dire ajouter des zéros à celui des deux nombres qui contient le moins de décimales pour qu'il en renferme autant que l'autre.

Mais s'il arrive que les deux nombres contiennent déjà un même nombre de chiffres décimaux, alors cette préparation n'a pas lieu.

Cela posé, on effectue l'opération en fesant abstraction de la virgule, c'est-à-dire en considérant les nombres comme entiers, et on obtient ainsi le quotient demandé.

158. Premier exemple. — Supposons d'abord que le dividende seul renferme des décimales ; *soit à diviser* 12.188,215 *par* 247.

Dans cet exemple, comme il y a trois chiffres décimaux au dividende, on doit donc d'abord écrire trois zéros à la droite du diviseur, ce qui donne 247000 ; ensuite on divise 12188215 pas 247000, d'après le procédé connu de la division, et on obtient pour quotient 48 plus $\frac{232215}{247000}$.

Opération.

$$\begin{array}{r|l} 12188215 & \underline{247000} \\ \underline{2208215} & 48 \\ \end{array}$$

Reste 232215

Ce quotient est bien véritablement celui des deux nombres proposés. En effet; car, si d'un côté, en ajoutant trois zéros au diviseur, on a rendu ce nombre 1000 fois plus grand; d'un autre côté, en supprimant la virgule dans le dividende, ce nombre a aussi été rendu 1000 fois plus grand : donc, le dividende et le diviseur ayant été rendus ensemble le même nombre de fois plus grands, ou ayant été multipliés par le même nombre 1000, le quotient n'a point changé : donc enfin, 48 plus $\dfrac{232245}{217000}$ est le quotient du nombre 12188245 par le nombre 217000. (*Voyez le* n° 156.)

159. DEUXIÈME EXEMPLE. — Supposons ensuite que le dividende étant un nombre entier, le diviseur est un nombre décimal.

Soit à diviser 7.244 *par* 29,45.

Opération.

Ici, après avoir placé deux zéros à la droite du dividende, puisque le diviseur contient deux décimales, et fait l'opération comme dessus, on trouve 245 $\dfrac{2875}{2945}$ pour quotient.

$$\begin{array}{r|l} 724400 & 2945 \\ \hline 13540 & 245 \\ 17600 & \\ \hline \text{Reste : } 2875 & \end{array}$$

On prouvera que ce quotient est bien le véritable, en établissant un raisonnement analogue à celui de l'exemple précédent.

160. TROISIÈME EXEMPLE. — Supposons mainte-

nant que le dividende et le diviseur renferment tous
deux des chiffres décimaux.

Soit à diviser 834,16 *par* 14,63428.

Opération.

Comme, dans cet exemple,
le diviseur contient cinq chiffres décimaux, et que le dividende n'en renferme que deux,
il faut donc commencer par
écrire trois zéros à la droite
de celui-ci, afin de le rendre
égal à l'autre en décimales.
Ensuite, effectuant l'opération

$$\begin{array}{c|c} 83416000 & 1463428 \\ \hline 40244600 & \\ \hline \text{Reste}: \quad 604 & 57\dfrac{604}{1463428} \end{array}$$

comme à l'ordinaire , on obtient pour quotient
$57\,\dfrac{604}{1463428}$.

Pour prouver que ce quotient est exact , il suffit de
raisonner ainsi : d'abord , en écrivant trois zéros à la
droite du dividende, on ne change certainement pas la
valeur de ce nombre, puisqu'il est décimal (n° 58); ensuite, en supprimant la virgule dans le dividende et
dans le diviseur, on multiplie évidemment à la fois ces
deux nombres par le même nombre 100000 : donc , le
quotient ne varie point : donc, $57\,\dfrac{604}{1463428}$ est bien le
quotient cherché. (N° 156.)

Dernier exemple. — Enfin , supposons que le dividende et le diviseur soient composés d'un même
nombre de chiffres décimaux.

Soit, par exemple, *à diviser* 64438,2765 *par* 27,6407.

Opération.

Comme le dividende et le diviseur sont déjà égaux en décimales, il ne reste donc plus qu'à faire l'opé- ration comme si ces deux nombres étaient entiers.

$$64382765 \mid 276407$$
$$\overline{910\,136}$$
$$\overline{809\,155} \quad 232\ \frac{256341}{276407}$$
$$\overline{256341}$$

Il est inutile de dire que le quotient $232\ \dfrac{256341}{276407}$ qu'on obtient ainsi, est exactement le quotient demandé, puisque le raisonnement est absolument le même que celui du troisième exemple.

QUOTIENTS ÉVALUÉS EN DÉCIMALES.

162. En effectuant la division, il nous est souvent arrivé que, le quotient n'étant pas exact, on obtenait *un reste* qu'on devait ajouter à la suite de ce quotient pour le compléter.

Or, nous avons vu (n° 156) qu'en multipliant le dividende par un certain nombre, ou ce qui revient au même, par 10, 100, ou 1000, on multiplie le quotient par 10, 100, ou 1000, c'est-à-dire que ce quotient est rendu 10, 100, ou 1000 fois trop grand; donc, pour le ramener à sa juste valeur, il suffit de le diviser par 10, 100 ou 1000: ce qui se fait en séparant sur sa droite *un, deux*, où *trois* chiffres (n° 57). *C'est en cela que consiste* L'ÉVALUATION DES QUOTIENTS EN DÉCIMALES.

163. Ainsi, pour approcher d'un quotient à *un dixième*, à *un centième*, à *un millième*, ... près, il faut d'abord ajouter, sur la droite du reste de la division, *un*, *deux*, *trois*, ... zéros ; ensuite continuer d'opérer comme à l'ordinaire, jusqu'à ce qu'on ait épuisé tous les chiffres du nouveau dividende; et enfin séparer, par la virgule, la nouvelle partie du quotient de celle déjà obtenue, c'est-à-dire la partie entière de la partie décimale.

164. *Soit*, pour exemple, *à diviser* 456.762 *par* 869, et supposons qu'on évalue le quotient à moins *d'un centième près*.

Opération.

Dividende 476762 | 869 *diviseur.*
4226 | 548,63 *quotient.*
7502
Reste des entiers : 55200
3060
Reste des décimales : 453

La division de 476762 par 869 donnant pour partie entière du quotient 548 et pour reste 552, comme on voulait obtenir le quotient à moins *d'un centième près*, on a ajouté *deux* zéros à la droite de ce reste, ce qui a donné le nouveau dividende 55200; sur lequel opérant ainsi qu'il est dit ci-dessus, on trouve 548,63 pour quotient de la division des deux nombres proposés, approché à *un centième près.*

165. *Supposons enfin qu'il s'agisse de déterminer le quotient de* 17.680 *par* 28, *à moins d'un cent millième près* (ou, ce qui revient au même, à moins de 0,00001 près).

Opération.

Dividende   17680 | 28 *diviseur.*

88   631,42857 *quotient.*

40

Premier reste : 1200000

80

240

160

200

Dernier reste : 4

Ici, puisque le quotient doit exprimer des cent millièmes, lorsqu'on a trouvé pour quotient 631 et pour reste 12, il fallait donc écrire *cinq* zéros à la droite de ce reste, ce qui a donné 1200000 pour nouveau dividende ; et, sur lequel opérant comme dans l'exemple précédent, on obtient 631,42857 pour quotient demandé, à moins de 0,00001 *près.*

Nota. — Il est clair qu'au lieu de mettre la virgule lorsque l'opération est terminée, il revient évidemment au même, et cela est plus simple de la placer avant d'opérer sur le dividende décimal.

166. Jusqu'ici, dans la division, nous n'avons présenté que des exemples où le dividende était plus fort que le diviseur, de sorte que le quotient exprimait toujours des entiers. Mais, il pourrait bien arriver aussi qu'il fût plus faible que le diviseur ; dans ce cas, le quotient ne renfermerait nécessairement point de partie entière ou d'entiers : donc, le dividende et le diviseur pourraient être alors considérés *comme le reste d'une division à effectuer, et être mis sous la même forme.* C'est, d'ailleurs, ce qu'on *désigne*, en mathématiques, *sous le nom d'expression fractionnaire.*

167. *Soit*, pour exemple, *le reste de la division du* n° 148, *qui est* $\frac{139}{369}$, *et supposons qu'il faille en déterminer le quotient*, à moins de 0,0001 *près.*

Dans cet exemple, comme le dividende 139 ne contient pas le diviseur 369, le quotient ne renferme donc point d'entiers; alors on place d'abord un 0 au quotient pour en tenir lieu. Ensuite, puisque ce quotient doit exprimer des *dix millièmes*, il faut donc ajouter *quatre* zéros à la droite du dividende 139; ce qui donne le nouveau dividende 1390000, sur lequel

Opération.

$$
\begin{array}{r|l}
139,0000 & \underline{369} \\
\overline{2830} & 0,3766.. \\
2470 & \\
\overline{2560} & \\
\textit{Reste } \overline{346} &
\end{array}
$$

6

opérant comme précédemment, on obtient pour quotient 0,3766, à moins de 0,0001 *près*.

168. REMARQUE. — Au lieu d'écrire tout d'un coup *quatre* zéros à la droite de 139, il est clair qu'on aurait pu n'en écrire qu'*un* successivement jusqu'à ce qu'on les eût écrit tous, et qu'on aurait obtenu évidemment le même résultat : ce moyen est d'ailleurs le plus en usage.

Opération.

Ainsi, reprenons l'exemple traité ci-dessus. Après avoir placé le *premier* zéro à la droite de 139, ce qui donne 1390, on opère comme à l'ordinaire, et on obtient 3 pour premier *chiffre* des décimales du quotient avec le reste 283.

1390	369
2830	0,3766
2470	
2560	
Reste 346	

Ajoutant ensuite *un deuxième* zéro à la droite de ce reste, on forme le deuxième dividende partiel 2830, sur lequel opérant comme précédemment, on trouve 7 pour le chiffre des *centièmes* du quotient, et pour reste 247. Continuant d'ajouter un *troisième* zéro (ce qui donne 2470), et d'opérer de la même manière, on obtient 6 pour *troisième* chiffre du quotient avec le reste 256. Enfin, plaçant le *quatrième* zéro à la droite de 256, on forme le quatrième et dernier dividende partiel 2560, sur lequel opérant comme dessus, on trouve 6 pour le chiffre des *dix millièmes* du quotient, et il reste 346 qu'on doit ajouter dans la preuve.

Donc le quotient total est 0,3766, exactement le même que celui de l'exemple précédent. Donc, on peut suivre indifféremment l'un ou l'autre des deux procédés.

169. *Supposons, pour dernier exemple, qu'il s'agisse de diviser 3 par 469, ou de déterminer le quotient en décimales de l'expression fractionnaire* $\frac{3}{469}$ *à moins de 0,00001 près.*

Opération.

D'abord, la division du nombre 3 par 469 ne donnant évidemment point d'entiers au quotient, on doit donc écrire un zéro pour en tenir lieu. Ensuite, puisque le quotient doit être évalué à moins de 0,00001 près, il faut placer *cinq* zéros à la droite du dividende 3 ; ou,

$$
\begin{array}{r|l}
3000 & 469 \\ \hline
1860 & 0,00639 \\ \hline
4530 & \\ \hline
Reste\ 309 &
\end{array}
$$

suivant le dernier procédé, écrire un zéro successivement à la droite de chaque reste, jusqu'à ce qu'on en ait écrit *cinq*. Ainsi, commençant par ajouter un zéro à 3, ce qui donne 30, et observant que ce nouveau dividende partiel ne contient pas le diviseur 469, on écrit donc un zéro pour remplacer les *dixièmes* du quotient; et le nombre 30 est alors considéré comme reste. Ensuite, ajoutant *un deuxième* zéro à ce qui reste, ce qui forme 300, on reconnaît encore que ce dividende partiel est plus faible que le diviseur ; et que par conséquent le quotient ne renferme point de *centièmes ;* alors on place un autre zéro pour en tenir lieu , et il reste 300. Continuant d'ajouter un zéro à la droite de 300, ce qui donne pour troisième dividende partiel 3000, on divise ce dividende par le diviseur 469, et on obtient 6 pour troisième chiffre du quotient avec le reste 186. Ajoutant un quatrième zéro à la droite de ce reste, ce qui forme 1860, et divisant ce nombre par 469, on trouve 3 pour le chiffre des dix millièmes du quotient, et pour reste 453. Enfin, plaçant le dernier zéro à la droite de 453, ce qui donne 4530, et fesant la division de ce nombre par 469, on obtient 9 pour le dernier chiffre du quotient, et il reste 309 qu'on doit ajouter dans la preuve. Donc, le quotient total est 0,00639, à moins de 0,00001 *près*.

170. — RÈGLE GÉNÉRALE. — Il résulte de tout ce qui précède, que, *pour évaluer en décimales le* RESTE *quelconque d'une division, on place d'abord la virgule à la suite des entiers. Ensuite on ajoute un zéro à la droite du reste, ce qui forme le premier dividende partiel décimal ; on divise ce nouveau dividende par le diviseur ; et on obtient ainsi le chiffre des* DIXIÈMES *du quotient avec un certain reste. On écrit un zéro à la droite de ce reste, et on divise le nombre résultant par le diviseur ; on obtient ainsi le chiffre des* CENTIÈMES *du quotient et un nouveau reste. On écrit un zéro à la suite de ce reste, et on divise le nombre qui en résulte par le diviseur ; on obtient ainsi le chiffre des* MILLIÈMES *du quotient avec un troisième reste,* sur lequel on opère de la même manière. Enfin, on continue cette série d'opérations, jusqu'à ce qu'on ait obtenu autant de chiffres décimaux qu'on désire en avoir, ou que l'exige

la question. Et si, l'opération terminée, il se trouve encore *un reste*, alors le quotient qu'on obtient est évalué à *une quantité moindre que l'*UNITÉ *de l'ordre décimal auquel on a arrêté le quotient.*

Mais, si la division proposée ne doit point renfermer d'entiers, ou est une expression fractionnaire proprement dite, *alors on commence par écrire un zéro au quotient pour remplacer les entiers;* ensuite on opère comme il est dit précédemment. *C'est en cela que consiste le* PROCÉDÉ *de la conversion des fractions ordinaires en fractions décimales, ou de la substitution de celles-ci à celles -là.*

PROBLÈMES SUR LA DIVISION.

I. Un mercier a acheté 128 mètres d'étoffe pour la somme de 1750 fr.; on demande le prix du mètre de cette étoffe ?

RÉPONSE. On conçoit que si ce prix était connu, en le répétant 128 fois, ou le multipliant par 128, on devrait reproduire 1750 fr.; donc (nᵒ 138), il faut diviser 1750 fr. par 128 pour obtenir le prix demandé. (Tel qu'on le voit ici.)

Opération.

$$\begin{array}{c|l} 1750 & 128 \\ \hline 470 & 13 \text{ fr. quotient.} \end{array}$$

Reste 86

II. 389 mètres 75 d'ouvrage ont coûté 610 fr. 45 ; on demande à combien revient le mètre, *à moins de* 0,04 *près* ?

Réponse. Il est évident que , si le prix du mètre était déterminé, en le multipliant par 389 m. 75, on reproduirait 610 fr. 45; donc, on trouvera ce prix en divisant 610 fr. 45 par 389 m. 75.

Opération.

$$610\ 45\ \big|\ 389\ 75$$
$$\underline{220\ 700}\qquad 1\ \text{fr.}\ 56$$
$$25\ 8250$$
$$\text{Reste}\qquad \underline{2\ 4400}$$

Dans cette question, le dividende et le diviseur étant déjà égaux en décimales, on a fait la division en considérant ces nombres comme entiers (n° 161); ensuite, puisque le quotient doit exprimer des *centièmes*, on a ajouté un zéro à chacun des deux premiers restes ; et enfin, l'opération terminée , on obtient pour quotient 1 fr. 56, *à moins de* 0,01 *près*.

III. Un épicier qui a acheté 128 kilogrammes de marchandise pour la somme de 1840 fr. 45, demande à combien lui revient le kilogramme *à moins de* 0,001 *près?*

Pour résoudre ce problême, on est encore conduit à diviser 1840 fr. 45 par 128, d'après le procédé connu de la division; et, l'opération effectuée, on obtient pour quotient 14 fr. 378 *à moins de* 0,001 *près?*

Opération.

Ici , puisque le dividende contenait déjà deux chiffres décimaux, et que le diviseur n'en renfermait aucun, on a d'abord placé deux zéros à la droite de celui-ci , et on a opéré en considérant les nombres comme entiers ; ensuite on a ajouté successivement trois zéros pour obtenir le quotient demandé.

184015	12800
56045	14 fr. 378
48450	
100500	
109000	

Reste 6600

IV. 127 stères 75 de bois ont coûté 29680 fr.; on demande le prix du stère, *à moins de 0,01 près?*

Opération.

Dans cette question , on écrit d'abord deux zéros à la droite du dividende , puisque le diviseur contient seul deux décimales ; et , opérant comme à l'ordinaire, on obtient ainsi la partie entière du quotient.

2968000	12775
41300	232 fr. 40
29750	
52000	

Reste 9000

Ensuite , pour obtenir la partie décimale que l'énoncé du problème exige , on ajoute successivement deux nouveaux zéros , et on trouve pour quotient total 232 fr. 40, *à moins de 0,01 près.*

(128)

V. Une compagnie de 39 ouvriers ont à se partager une gratification de 1475 fr. ; combien chaque ouvrier doit-il recevoir *à moins de 0,01 près*?

Réponse. 37 fr. 82.

VI. Un ouvrier qui gagne 1675 fr. par an ; combien gagne-t-il par jour *à moins de 0,01 près*? (l'année est supposée de 365 jours)?

Réponse. 4 fr. 58.

VII. 236 pièces de vin ont coûté 6800 fr. 75 ; on demande le prix de la pièce *à moins de 0,01 près*?

VIII. On a fait exécuter 689 mètres 55 d'un certain ouvrage pour la somme de 40000 fr. ; on demande à combien revient le mètre *à moins de 0,01 près*?

IX. 89 ares 45 de terre ont coûté 1000 fr. ; on demande le prix de l'are *à moins de 0,01 près*?

X. 38 kilogrammes 250 grammes ou 38250 grammes d'une certaine marchandise ont été vendus moyennant 500 fr. 50 ; à combien revient le gramme de cette marchandise *à moins de 0,001 près*?

XI. Une pièce de vin contenant 2 hectolitres 30 litres ou 230 litres a coûté 45 fr. ; quel est le prix du litre de ce vin *à moins de 0,01 près*?

XII. 4260 mètres d'un certain ouvrage ont coûté 800 fr. 50 ; on demande à combien revient le mètre de cet ouvrage *à moins de 0,001 près*?

XIII. Un rentier laisse en mourant 150000 fr. que doivent se partager également 19 héritiers ; quelle est la part de chacun?

XIV. 18 ouvriers ont fait un écot de 13 fr. 75 ; combien ont-ils à payer chacun?

XV. Quel est le nombre qui, multiplié par 28, donne pour produit 17 ?

XVI. Le prix du gramme d'une certaine marchandise est de 0 fr. 85 ; on demande combien on aurait de grammes de la même marchandise pour la somme de 1200 fr.

XVII. Combien devrait-on vendre le mètre d'une certaine étoffe pour que 689 mètres 75 rapportent 540 fr. ?

XVIII. Une somme de 120000 fr. doit être partagée entre 4 personnes de la manière suivante : la première doit en avoir la cinquième partie ; la seconde, le quart de ce qui reste ; le troisième , le tiers du nouveau reste : on demande la part que chaque personne doit avoir ?

XIX. Une personne qui compte 45727200 minutes, combien a-t-elle d'heures, de jours et d'années ?

XX. Un épicier a reçu 29 pains de sucre pesant ensemble 427 kilogrammes 75 pour une somme de 748 fr. 5625 ; il veut savoir le prix et le poids de chaque pain, et par suite le prix de chaque kilo ?

FIN.

ERRATA.

Page 4, ligne 7, *au lieu de* grammes,   *lisez* gramme.
     5,   5,   mètres,   mètre.
    16,   12,   080,   000
    23,   25,   tiers,   entiers.
    24,   6,   sont,   soit.
    45,   8,   et puis,   puis.
    69,   16,   08 mil.   08.
    89,   14,   et retranchant,   en retranchant.
    94,   6,   due,   dû.

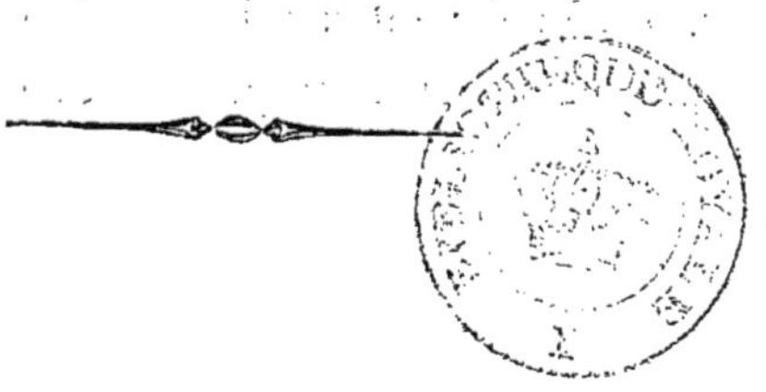

TABLE DES MATIÈRES

CONTENUES DANS CE LIVRE.

FIN DE LA TABLE.

Le lendemain matin je m'empressai
d'aller offrir un nouveau tribut à l'ami-
tié : il n'y avait plus de rue de Bussy.
La boutique était occupée par des gens
qui m'étaient inconnus. Je les interro-
geai; ils m'apprirent seulement qu'elle
avait fait, de la vente de son fonds et
de ses rentrées, un capital considérable; et elle ne m'en avait rien dit! Je
crus ne pouvoir, sans indiscrétion, lui
parler le premier de ses nouveaux ar-
rangemens. Je me bornai à demander
son adresse à madame Derneval : elle
occupait un joli logement à deux pas
de l'hôtel.

Après le dîner, le général me fit passer dans son cabinet. « Mon cher ami,
» vous jouissez d'une considération dont
» la plupart des jeunes gens ont à peine
» une idée. Vous parviendrez aux pre-
» mières places; mais les épreuves peu-
» vent être longues, et il est un moyen
» de les abréger : c'est de prendre cet